Basket made from cloth

齊藤謠子の提籃圖案創作集

微醺原色&溫醇手感交織而成的31款經典布作

來自美國的編織提籃。封面作品即參考其原型設計製作而成。

拼布圖案中有一種名為「提籃」的圖案，以此作為祈求豐碩秋收的象徵。當我知道其中含義後，便開始將注意力轉移至提籃的本身。大約二十年前，我在美國波士頓無意間看見有人拿著優雅的提籃，當時她所拿的正是傳統祖母提籃。雖然現在提籃受到大眾的喜愛，但在之前的那個年代卻是相當罕見。因此我不禁加快腳步追上前去。我湊前仔細一看，隨即留下了深刻的印象。

此後我便深深著迷於祖母提籃的魅力，並陸續收集了各式各樣的提籃。不論是工作或私下，除了在國內收集，就連到國外只要看到喜歡的籃子總忍不住會買下並納為收藏。

本書主要是將我喜歡的提籃款式透過拼布的方式呈現，並設計成實用的提包或收納小物。若是能為你的生活增添些許樂趣，我也會感到開心且榮幸！

齊藤謠子

1980年代的傳統祖母提籃，籃蓋與插釦皆選用高雅的象牙裝飾。
洗練的外型和出眾的質感，散發如藝品般極致的經典況味！

CONTENTS

a 橡木果藤籃布包　6 54

b 條紋拼布桶形托特包　8 58

c 花朵貼布繡手提包　11 60

d 蜜餞乾果置物籃　12 62

e 置物籃系列的托特包　13 64

f 零碼布編織提籃　15 66

g 零碼布鉤織手拿包　17 68

h 小花貼布繡提籃包　19 71

i 號角編織掛籃　21 74

j 迷你方形拼布肩背包　22 75

k 提籃造型的縫紉工具盒　25 78

l 鄉村小屋風的縫紉收納籃　26 81

m 環形貼布繡肩背包　28 84

n 貼布繡手拿包　29 88

o 木紋風拼布收納盒　30 86

p 附口袋的提籃外罩　32 91

q 小圓珠提把置物籃　33 94

r 七葉樹造型化妝包　34 96

s 十字拼貼風新古典提包　35 98

t 貼布繡書衣　37 100

u 棋盤長形提包　38 102

v 水兵帶編織手拿包　39 105

w 提籃貼布繡手拿包　41 108

x 祖母提籃復刻提袋　43 111

y 花籃圖案波士頓包　44 114

z 提籃造型的迷你化妝包　46 117

I 小型拼布掛毯　47 120

II 提籃嘉年華裝飾地毯　48 121

III 古典提籃圖案的大型拼布　50 122

　　製作之前　53

a PAGE 54

b PAGE 58

C PAGE 60

d PAGE 62

e

f PAGE 66

g PAGE 68

h PAGE 71

在義大利發現的特殊造型編籃。隨意插入小花即形成天然的居家裝飾。

i PAGE 74

j PAGE 75

1
PAGE 81

m PAGE 84

n PAGE 88

O PAGE 86

購自瑞典的編織提籃。使用別具風味的白樺木製作，是其特色之一。

p PAGE 91

r PAGE 96

S PAGE 98

t PAGE 100

u PAGE 102

V PAGE 105

W PAGE 108

X PAGE III

y
PAGE 114

Z

1

2

3

製作之前

本書的作品是嘗試將我最喜愛的提籃，運用布料加以呈現。
例如仿照提籃的外型將布料裁為條狀，並且以編織的手法拼縫，
或是直接以貼布繡的方式表現圖案。
此外，藉由壓縫塑造出提籃的編織紋路，創造立體的效果。
經由不同設計，每個提籃皆變身成實用的小物收納袋或提包。
希望各位不僅能成功作出更多漂亮的作品，也能從中獲得許多樂趣。

原寸紙型・・・・・・・・・・ 附錄的原寸紙型均不含縫份。請另取白紙描繪紙型後製作。

縫份・・・・・・・・・・・・ 原則上各布片的縫份皆為0.7cm，若是貼布繡用布則為0.3cm
至0.5cm。而為了方便進行壓縫，裡布和棉襯通常會多加
3cm至5cm左右，縫合完畢後再一併處理縫份。

布襯・・・・・・・・・・・・ 為加強作品的完整性與耐用度，會在裡布熨貼布襯。在本
書中的作品則使用了不同厚度的布襯（包括普通、中厚、
厚、極厚）。（材料中將以布襯、中厚布襯、厚布襯、極
厚布襯標記）。因布襯不必加縫份，只要依成品尺寸裁剪
所需的大小，再以熨斗燙貼即可。

棉襯・・・・・・・・・・・・ 棉襯的厚薄種類不少，本書中使用的棉襯則一律採0.5cm的
中厚款式。但因棉襯有正、反面，使用時須特別注意。蓬
鬆柔軟的那一面為正面，製作時請務必將正面置於拼布表
布的下方。

壓縫・・・・・・・・・・・・ 進行壓縫時，裡布（或稱擋布）和棉襯的各邊須比表布大
一圈左右。從布的中心向外進行放射狀的假縫（參照P.112
的作法）。

成品尺寸・・・・・・・・・・ 描繪紙型的方式、拼縫或壓縫的過程中，再加上操作者拉
線的力道等因素，多少會出現些許的落差而導致比紙型
標示的尺寸略為縮減。不過此屬正常情況，請放心繼續製
作。

書中所標示的尺寸皆以cm為單位。

a PAGE 6 橡木果 藤籃布包

【材料】

表布、裡布……各110×110cm

包口布、提把用布……110×80cm

貼布繡用布、裝飾用布……各適量

擋布……90×50cm

極厚布襯（裡袋・包口裡布・內提把裡布）……75×75cm

棉襯……100×80cm

薄棉襯、鐵絲、棉花……各適量

【製作方法】

1 包身和側幅進行壓縫。

2 在包身縫製縫褶，並縫合側幅，作成表袋。

3 裡布的作法相同。

　＊將紙型縮小至97％後使用。

4 將裡袋置入表袋。

5 製作包口布。

6 在包口縫合包口布。

7 包口以斜紋布條滾邊。

8 製作提把並縫至包身。

9 製作裝飾並縫至包身。

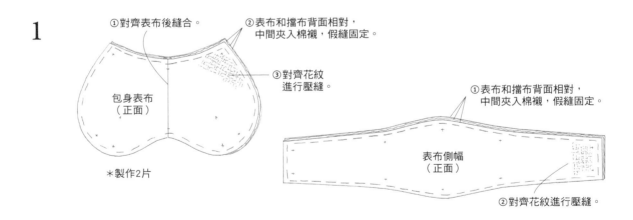

1

①對齊表布後縫合。

②表布和擋布背面相對，
中間夾入棉襯，假縫固定。

③對齊花紋
進行壓縫。

包身表布
（正面）

＊製作2片

①表布和擋布背面相對，
中間夾入棉襯，假縫固定。

表布側幅
（正面）

②對齊花紋進行壓縫。

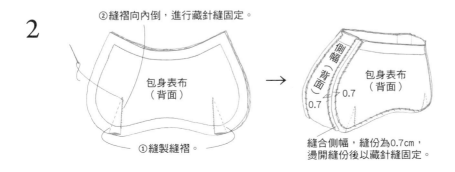

2

②縫褶向內倒，進行藏針縫固定。

包身表布
（背面）

①縫製縫褶。

側幅（背面）

包身表布
（背面）

0.7

0.7

縫合側幅，縫份為0.7cm，
燙開縫份後以藏針縫固定。

3

①熨貼極厚布襯。

裡袋（背面）

③縫製縫褶並收往旁側。

②縫合後燙開縫份。

④縫合側幅，燙開縫份。

4

將裡袋置入表袋，噴膠將兩袋黏合。

表袋（正面）

5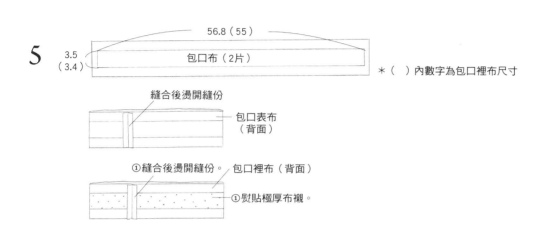

56.8（55）

3.5（3.4）

包口布（2片）

＊（ ）內數字為包口裡布尺寸

縫合後燙開縫份

包口表布（背面）

①縫合後燙開縫份。 包口裡布（背面）

①熨貼極厚布襯。

6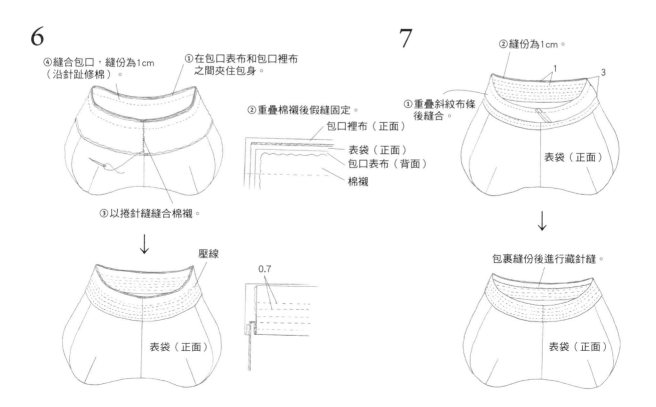

④縫合包口，縫份為1cm（沿針趾修棉）。

①在包口表布和包口裡布之間夾住包身。

②重疊棉襯後假縫固定。

包口裡布（正面）

表袋（正面）

包口表布（背面）

棉襯

③以捲針縫縫合棉襯。

壓線

表袋（正面）

0.7

7

②縫份為1cm。

1 3

①重疊斜紋布條後縫合。

表袋（正面）

包裹縫份後進行藏針縫。

表袋（正面）

8

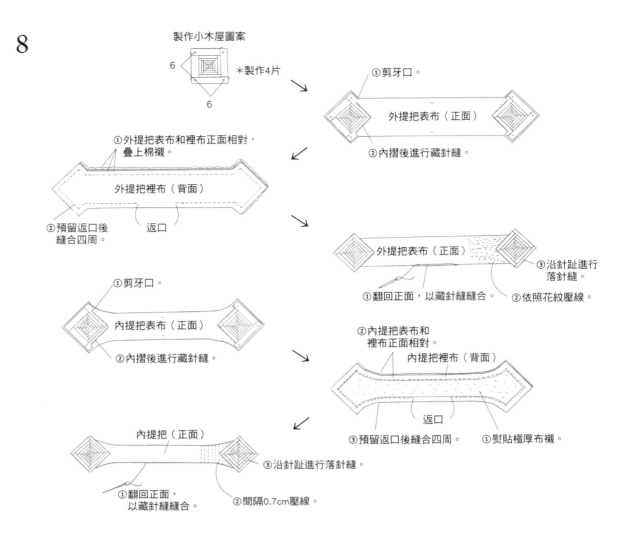

製作小木屋圖案

6 ✻製作4片

6

① 剪牙口。

外提把表布（正面）

② 內摺後進行藏針縫。

① 外提把表布和裡布正面相對，疊上棉襯。

外提把裡布（背面）

② 預留返口後縫合四周。

返口

外提把表布（正面）

③ 沿針趾進行落針縫。

① 翻回正面，以藏針縫縫合。

② 依照花紋壓線。

① 剪牙口。

內提把表布（正面）

② 內摺後進行藏針縫。

② 內提把表布和裡布正面相對。

內提把裡布（背面）

返口

③ 預留返口後縫合四周。

① 熨貼極厚布襯。

內提把（正面）

③ 沿針趾進行落針縫。

① 翻回正面，以藏針縫縫合。

② 間隔0.7cm壓線。

【小木屋圖案的縫製方法】

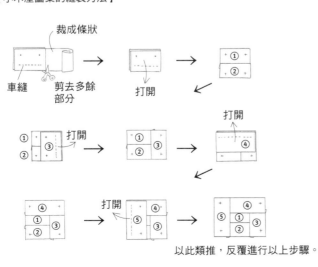

裁成條狀

車縫　剪去多餘部分　打開

① ②

打開

① ③
② ③

① ③
②

打開
④

打開
④

① ④
② ③

打開
⑤ ④
① ③
②

⑤ ④
① ③
②

以此類推，反覆進行以上步驟。

【小木屋圖案的原寸紙型】

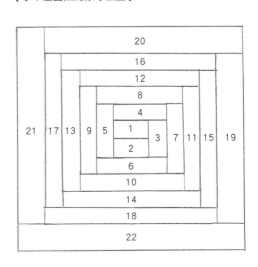

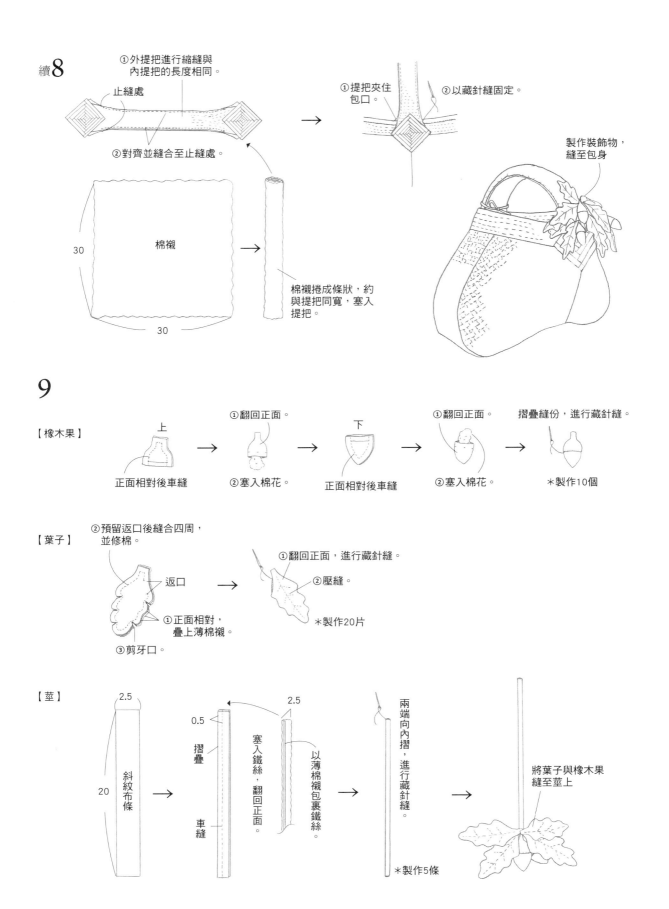

續8

①外提把進行縮縫與
　內提把的長度相同。

止縫處

②對齊並縫合至止縫處。

①提把夾住
　包口。

②以藏針縫固定。

製作裝飾物,
縫至包身

30

棉襯

30

棉襯捲成條狀,約
與提把同寬,塞入
提把。

9

【橡木果】

上

正面相對後車縫

①翻回正面。

②塞入棉花。

下

正面相對後車縫

①翻回正面。

②塞入棉花。

摺疊縫份,進行藏針縫。

＊製作10個

【葉子】

②預留返口後縫合四周,
　並修棉。

返口

①正面相對,
　疊上薄棉襯。

③剪牙口。

①翻回正面,進行藏針縫。

②壓縫。

＊製作20片

【莖】

2.5

20

斜紋布條

0.5

2.5

摺疊

車縫

塞入鐵絲,翻回正面。

以薄棉襯包裹鐵絲。

兩端向內摺,進行藏針縫。

＊製作5條

將葉子與橡木果
縫至莖上

【材料】
拼布用布……各適量
包口布（含包口用的斜紋布條）……80×75cm
滾邊用斜紋布條……2.5×60cm
裡布（含垂片）……90×60cm
袋底表布、擋布……各20×20cm
長44cm的皮革提把……1條
蠟繩……55cm
布襯（包口裡布）……40×40cm
厚布襯（袋底表布・袋底裡布・垂片裡布）……20×20cm
棉襯……90×80cm
25號繡線

條紋拼布
桶形托特包

【製作方法】
1 拼縫表布後進行壓縫。
2 包身縫製縫褶。包身正面相對，縫合側邊後處理縫份。
3 製作袋底，縫至包身。
4 製作包口布。
5 將包口布縫至包身。
6 製作垂片，縫合提把。

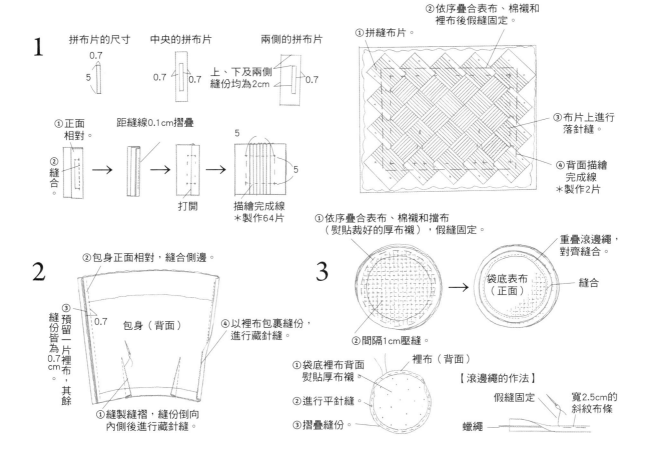

1

拼布片的尺寸
0.7
5

中央的拼布片
0.7　0.7

兩側的拼布片
上、下及兩側
縫份均為2cm
0.7

①正面相對。
②縫合。
距縫線0.1cm摺疊
→
打開
→
5
5
描繪完成線
＊製作64片

②依序疊合表布、棉襯和裡布後假縫固定。
①拼縫布片。
③布片上進行落針縫。
④背面描繪完成線
＊製作2片

2

②包身正面相對，縫合側邊。
③縫份皆預留一片裡布，其餘縫份皆為0.7cm。
0.7
包身（背面）
④以裡布包裹縫份，進行藏針縫。
①縫製縫褶，縫份倒向內側後進行藏針縫。

3

①依序疊合表布、棉襯和擋布（熨貼裁好的厚布襯），假縫固定。
②間隔1cm壓縫。
重疊滾邊繩，對齊縫合。
袋底表布（正面）
縫合
①袋底裡布背面熨貼厚布襯。
②進行平針縫。
③摺疊縫份。
裡布（背面）

【滾邊繩的作法】
假縫固定
寬2.5cm的斜紋布條
蠟繩

續3

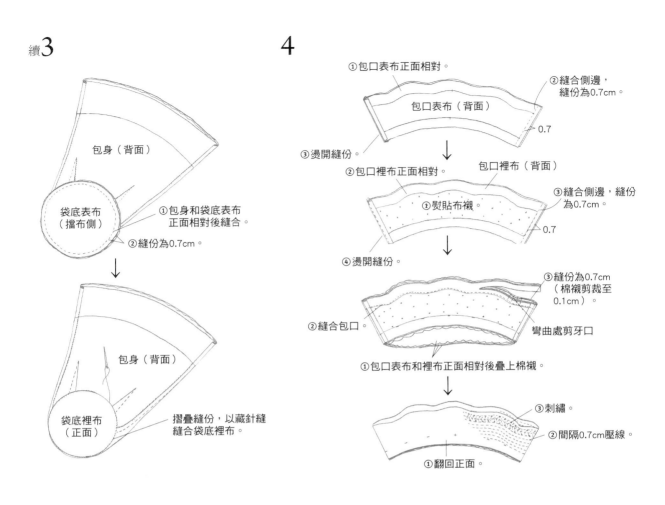

①包身和袋底表布
正面相對後縫合。
②縫份為0.7cm。

包身（背面）

袋底表布
（擋布側）

摺疊縫份，以藏針縫
縫合袋底裡布。

包身（背面）

袋底裡布
（正面）

4

①包口表布正面相對。
②縫合側邊，
縫份為0.7cm。
0.7
包口表布（背面）
③燙開縫份。
②包口裡布正面相對。
包口裡布（背面）
③縫合側邊，縫份
為0.7cm。
0.7
①熨貼布襯
④燙開縫份。
③縫份為0.7cm
（棉襯剪裁至
0.1cm）。
②縫合包口。
彎曲處剪牙口
①包口表布和裡布正面相對後疊上棉襯。
③刺繡。
②間隔0.7cm壓線。
①翻回正面。

5

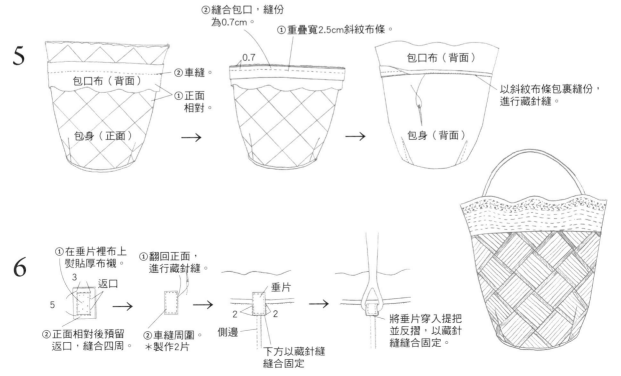

②縫合包口，縫份
為0.7cm。
①重疊寬2.5cm斜紋布條。
②車縫。
0.7
包口布（背面）
①正面
相對。
包口布（背面）
以斜紋布條包裹縫份，
進行藏針縫。
包身（正面）
包身（背面）

6

①在垂片裡布上
熨貼厚布襯。
3
返口
5
②正面相對後預留
返口，縫合四周。
①翻回正面，
進行藏針縫。
②車縫周圍。
＊製作2片
垂片
2   2
側邊
下方以藏針縫
縫合固定
將垂片穿入提把
並反摺，以藏針
縫縫合固定。

C
PAGE 11

花朵貼布繡
手提包

【材料】

表布（包身）……70×30cm

袋底表布、擋布、裝飾布……各20×20cm

貼布繡用布……各適量

裡布（包含隔層布‧斜紋布條）……90×60cm

包口用斜紋布條……3.5×40cm

長16cm的拉鍊……1條

寬1.4cm的皮革提把……34cm‧2條

長1cm的拉鍊用裝飾木珠……2個

蠟繩……15cm

棉襯……90×30cm

厚布襯……30×20cm

25號繡線

【製作方法】

1 分別在三片表布上製作貼布繡和刺繡。

2 在三片表布和安裝拉鍊的表布上進行壓縫。

3 車縫拉鍊，製作口袋。

4 對齊四片包身後縫合。

5 製作袋底並縫至包身，以藏針縫縫合袋底裡布。

6 斜紋布條滾邊包口，安裝提把和拉鍊裝飾。

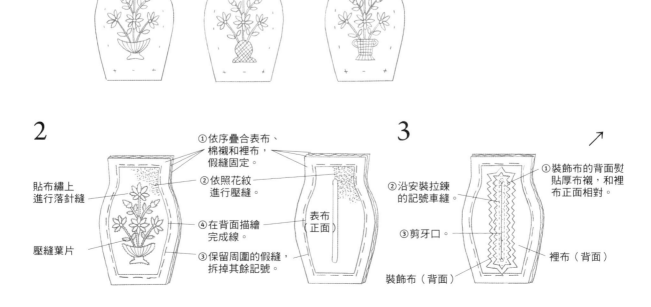

1

2

貼布繡上
進行落針縫

壓縫葉片

①依序疊合表布、
棉襯和裡布，
假縫固定。

②依照花紋
進行壓縫。

④在背面描繪
完成線。

③保留周圍的假縫，
拆掉其餘記號。

表布
（正面）

3

↗

①裝飾布的背面熨
貼厚布襯，和裡
布正面相對。

②沿安裝拉鍊
的記號車縫。

③剪牙口。

裝飾布（背面）

裡布（背面）

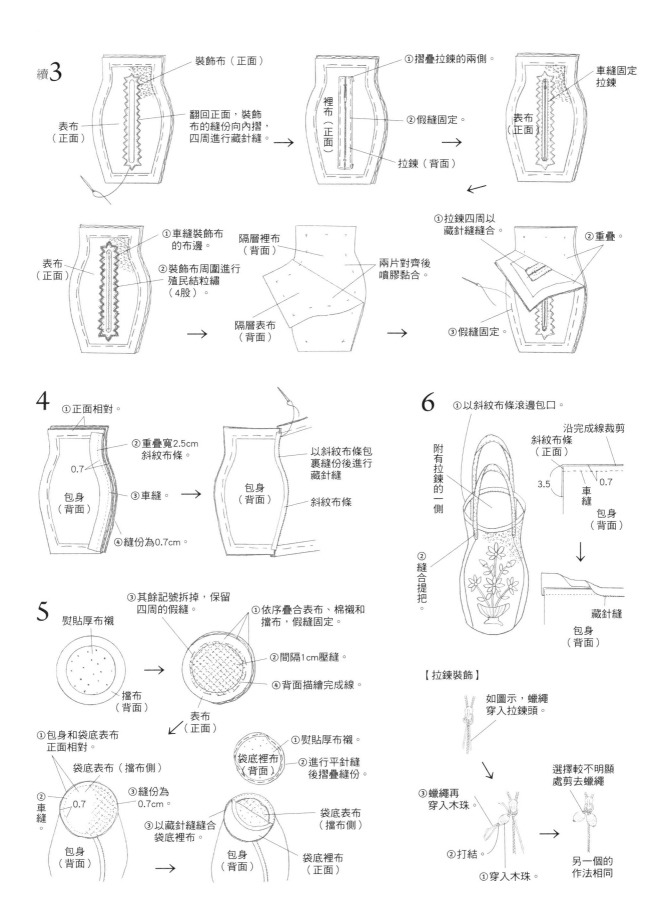

續3

裝飾布（正面）

表布（正面）

翻回正面，裝飾布的縫份向內摺，四周進行藏針縫。

①摺疊拉鍊的兩側。

裡布（正面）

②假縫固定。

拉鍊（背面）

車縫固定拉鍊

表布（正面）

①車縫裝飾布的布邊。

表布（正面）

②裝飾布周圍進行殖民結粒繡（4股）。

隔層裡布（背面）

兩片對齊後噴膠黏合。

隔層表布（背面）

①拉鍊四周以藏針縫縫合。

②重疊。

③假縫固定。

4

①正面相對。

②重疊寬2.5cm斜紋布條。

0.7

包身（背面）

③車縫。

④縫份為0.7cm。

以斜紋布條包裹縫份後進行藏針縫

包身（背面）

斜紋布條

5

熨貼厚布襯

擋布（背面）

③其餘記號拆掉，保留四周的假縫。

①依序疊合表布、棉襯和擋布，假縫固定。

②間隔1cm壓縫。

④背面描繪完成線。

表布（正面）

①熨貼厚布襯。

袋底裡布（背面）

②進行平針縫後摺疊縫份。

①包身和袋底表布正面相對。

袋底表布（擋布側）

②車縫。

0.7

③縫份為0.7cm。

包身（背面）

③以藏針縫縫合袋底裡布。

袋底表布（擋布側）

袋底裡布（正面）

包身（背面）

6

①以斜紋布條滾邊包口。

沿完成線裁剪斜紋布條（正面）

3.5

0.7

車縫

包身（背面）

附有拉鍊的一側

②縫合提把。

藏針縫

包身（背面）

【拉鍊裝飾】

如圖示，蠟繩穿入拉鍊頭。

③蠟繩再穿入木珠。

②打結。

①穿入木珠。

選擇較不明顯處剪去蠟繩

另一個的作法相同

【材料】

厚質網紗蕾絲（本體）……40×30cm

貼布繡用布……各適量

包口布……30×20cm

側邊布條……20×15cm

底片（表布底片・裡布底片）、擋布……各30×40cm

提把用布……20×10cm

厚布襯（包口布・裡布底片）……30×20cm

棉襯……40×20cm

25號繡線

【製作方法】

1 在網紗蕾絲上製作貼布繡。

　＊將貼布繡紙型鋪在蕾絲下方進行配置

2 縫合側邊，以側邊布條處理縫份。

3 製作包口布和提把。

4 在本體縫合包口布。

5 製作表布底片和裡布底片。

6 對齊本體和底片後縫合。

d PAGE 12 蜜餞乾果置物籃

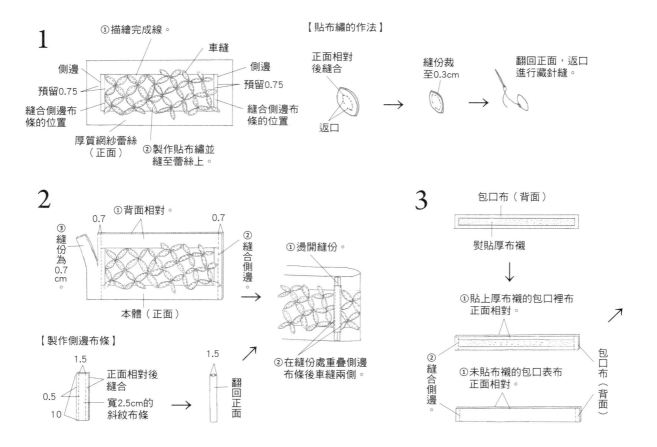

1

① 描繪完成線。

側邊　車縫　側邊

預留0.75　　　預留0.75

縫合側邊布條的位置　　縫合側邊布條的位置

厚質網紗蕾絲（正面）

② 製作貼布繡並縫至蕾絲上。

【貼布繡的作法】

正面相對後縫合

返口

→

縫份裁至0.3cm

→

翻回正面，返口進行藏針縫。

2

① 背面相對。

0.7　　　　0.7

③ 縫份為0.7cm。

② 縫合側邊。

本體（正面）

① 邊開縫份。

② 在縫份處重疊側邊布條後車縫兩側。

【製作側邊布條】

1.5

0.5

10

正面相對後縫合

寬2.5cm的斜紋布條

→

1.5

翻回正面

3

包口布（背面）

熨貼厚布襯

↓

① 貼上厚布襯的包口裡布正面相對。

② 縫合側邊。

① 未貼布襯的包口表布正面相對。

包口布（背面）

↗

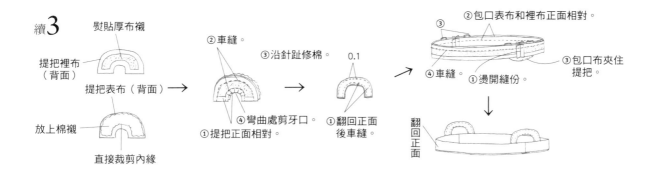

續3

熨貼厚布襯

提把裡布（背面）

提把表布（背面）→

放上棉襯

直接裁剪內緣

②車縫。

①提把正面相對。

④彎曲處剪牙口。

③沿針趾修棉。

①翻回正面後車縫。

0.1

②包口表布和裡布正面相對。

③

④車縫。

①燙開縫份。

③包口布夾住提把。

翻回正面

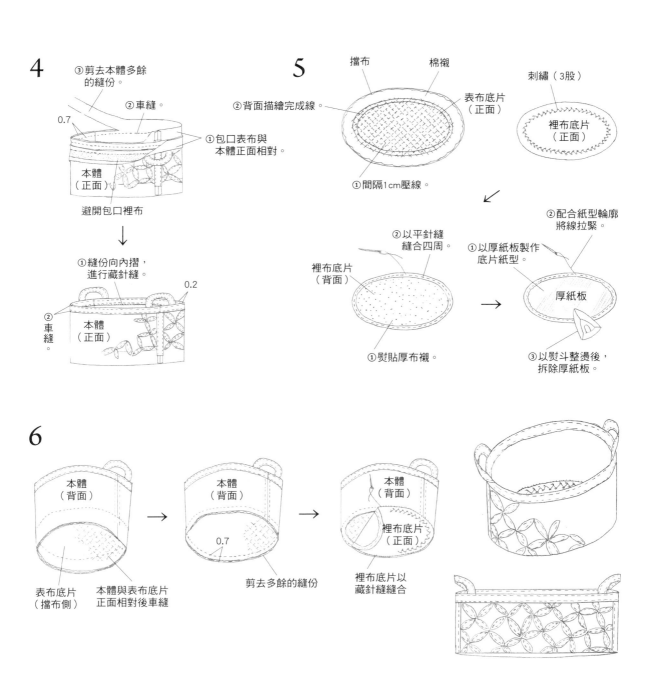

4

③剪去本體多餘的縫份。

②車縫。

0.7

①包口表布與本體正面相對。

本體（正面）

避開包口裡布

①縫份向內摺，進行藏針縫。

②車縫。

本體（正面）

0.2

5

擋布

棉襯

表布底片（正面）

②背面描繪完成線。

①間隔1cm壓線。

刺繡（3股）

裡布底片（正面）

②以平針縫縫合四周。

裡布底片（背面）

①熨貼厚布襯。

②配合紙型輪廓將線拉緊。

①以厚紙板製作底片紙型。

厚紙板

③以熨斗整燙後，拆除厚紙板。

6

本體（背面）

表布底片（擋布側）

本體與表布底片正面相對後車縫

本體（背面）

0.7

剪去多餘的縫份

本體（背面）

裡布底片（正面）

裡布底片以藏針縫縫合

置物籃系列的
托特包

【材料】

厚質網紗蕾絲（包身）……80×25cm

貼布繡用布……各適量

裝飾帶（包含1片側邊布條）……40×40cm

側邊布條（1片）……30×30cm

提把用布……50×50cm

包口布……40×55cm

袋底（袋底表布・袋底裡布）……55×40cm

擋布……40×40cm

厚布襯……25×40cm

棉襯……40×40cm

塑膠板……35×15cm

直徑0.4cm的串珠……適量

25號繡線

製作方法

1 在網紗蕾絲上製作貼布繡。（參照P.62的作法1）

2 製作側邊布條。

3 縫合側邊（參照P.62的作法2），並縫合側邊布條。

4 製作袋底，與包身對齊後縫合。（參照P.62的作法6）

5 製作提把，縫至包口布上。（請參照P.62的作法3）

6 將包口布縫至包身（請參照P.62的作法4）。縫上串珠裝飾。

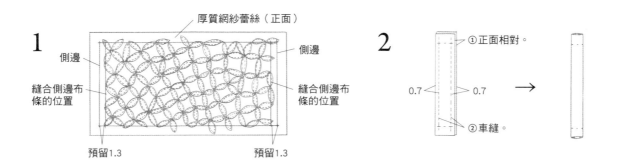

1
　　　　　　　　厚質網紗蕾絲（正面）
側邊
縫合側邊布
條的位置
　　　　　　　　　　　　　　　　側邊
　　　　　　　　　　　　　縫合側邊布
　　　　　　　　　　　　　條的位置
預留1.3　　　　　　　　預留1.3

2
①正面相對。
0.7　　　0.7
②車縫。

3

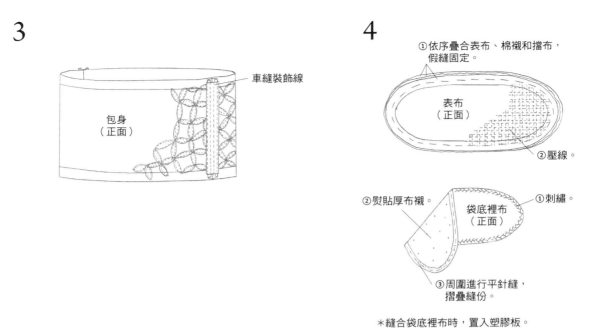

車縫裝飾線

包身
（正面）

4

①依序疊合表布、棉襯和擋布，
假縫固定。

表布
（正面）

②壓線。

②熨貼厚布襯。

①刺繡。

袋底裡布
（正面）

③周圍進行平針縫，
摺疊縫份。

＊縫合袋底裡布時，置入塑膠板。

5

①表布正面相對，
疊上棉襯。

①翻回正面。

0.8

②車縫。

4.5

27

1 1

③修棉。

②以斜紋布條製作
寬0.8cm的裝飾帶，
並縫至提把。

0.7 0.7

③車縫裝飾線。

9

包口布
（正面）

前後中心

側邊

6

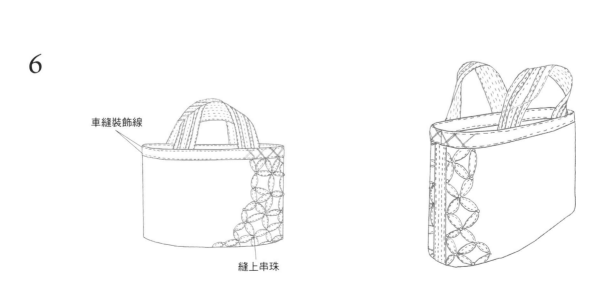

車縫裝飾線

縫上串珠

f PAGE 15
零碼布
編織提籃

【材料】
本體布條……90×40cm
底片（表布底片‧裡布底片‧斜紋布條）……50×50cm
提把用布……25×55cm
寬2.5cm的零碼布（含八股編）……150cm‧22條
擋布……60×30cm
中厚布襯（本體布條‧裡布底片）……90×40cm
厚布襯（提把裡布）……10×50cm
極厚布襯（表布底片用擋布）……20×15cm
單膠棉襯（表布底片）……25×20cm
棉襯……30×55cm
塑膠板（本體布條‧底片‧提把）……60×20cm

【製作方法】
1 製作本體布條。
2 製作表布底片。
3 將本體布條縫至表布底片，處理縫份。
4 製作裡布底片後縫合。
5 製作提把。
6 以零碼布編織本體。
7 將提把縫至本體。

1

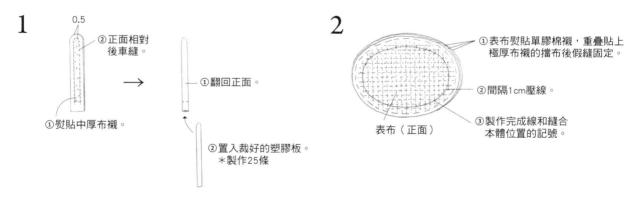

0.5
②正面相對後車縫。
①熨貼中厚布襯。
①翻回正面。
②置入裁好的塑膠板。
＊製作25條

2

①表布熨貼單膠棉襯，重疊貼上極厚布襯的擋布後假縫固定。
②間隔1cm壓線。
表布（正面）
③製作完成線和縫合本體位置的記號。

3

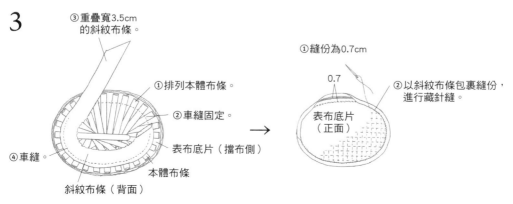

③重疊寬3.5cm的斜紋布條。
①排列本體布條。
②車縫固定。
表布底片（擋布側）
④車縫。
本體布條
斜紋布條（背面）

①縫份為0.7cm
0.7
②以斜紋布條包裹縫份，進行藏針縫。
表布底片（正面）

4

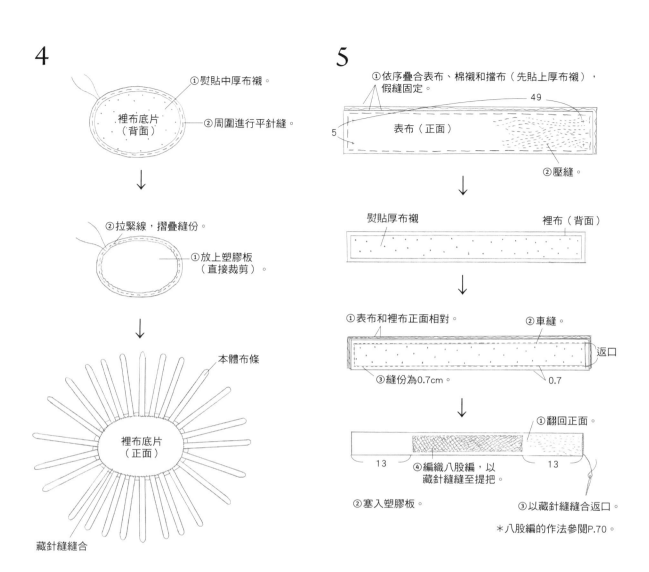

①熨貼中厚布襯。

裡布底片
（背面）

②周圍進行平針縫。

↓

②拉緊線，摺疊縫份。

①放上塑膠板
（直接裁剪）。

↓

本體布條

裡布底片
（正面）

藏針縫縫合

5

①依序疊合表布、棉襯和擋布（先貼上厚布襯），
假縫固定。

49

5

表布（正面）

②壓縫。

↓

熨貼厚布襯　　　　　　　　裡布（背面）

↓

①表布和裡布正面相對。　　　②車縫。

返口

③縫份為0.7cm。　　　　　　0.7

↓

①翻回正面。

13　　　　④編織八股編，以　　13
　　　　　藏針縫縫至提把。

②塞入塑膠板。　　　　　　③以藏針縫縫合返口。

＊八股編的作法參閱P.70。

6

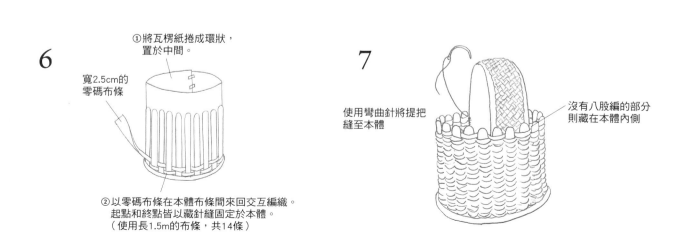

①將瓦楞紙捲成環狀，
置於中間。

寬2.5cm的
零碼布條

②以零碼布條在本體布條間來回交互編織。
起點和終點皆以藏針縫固定於本體。
（使用長1.5m的布條，共14條）

7

使用彎曲針將提把
縫至本體

沒有八股編的部分
則藏在本體內側

【材料】

拼布用布……各適量

條紋布（包含滾邊用斜紋布條）……40×35cm

寬2.5cm的零碼布……適量

裡布（含包口用斜紋布條・擋布）……65×60cm

寬1.5cm的皮革提把……31cm・2條

蠟繩……45cm

棉襯……50×60cm

鈕釦用縫線

【製作方法】

1 拼縫表布。

2 表布進行壓縫。

3 縫合表布a・b・c。

4 縫合側邊。

5 製作滾邊繩。

6 滾邊繩夾住包口，以斜紋布條處理縫份。

7 縫合提把至包身。

8 以零碼布編織袋底，再與作法7縫合。

g
PAGE 17

零碼布
鈎織手拿包

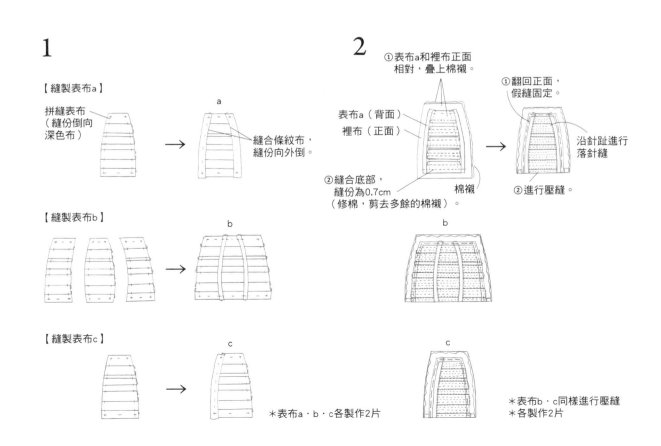

1

【縫製表布a】

拼縫表布
（縫份倒向
深色布）

a

縫合條紋布，
縫份向外倒。

【縫製表布b】

b

【縫製表布c】

c

＊表布a・b・c各製作2片

2

①表布a和裡布正面
相對，疊上棉襯。

表布a（背面）

裡布（正面）

②縫合底部，
縫份為0.7cm
（修棉，剪去多餘的棉襯）。

棉襯

①翻回正面，
假縫固定。

沿針趾進行
落針縫

②進行壓縫。

b

c

＊表布b・c同樣進行壓縫
＊各製作2片

3

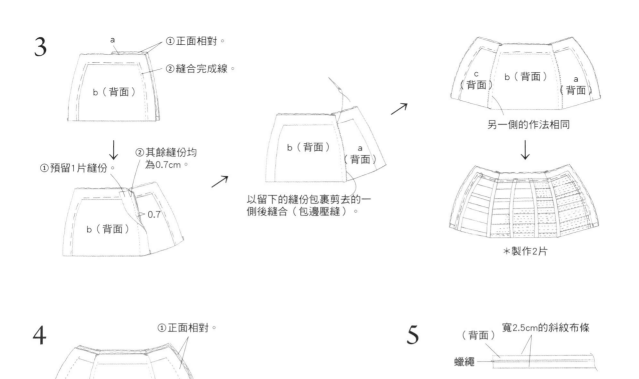

a
①正面相對。
②縫合完成線。
b（背面）

↓

①預留1片縫份。
②其餘縫份均為0.7cm。
0.7
b（背面）

→

b（背面）
a（背面）

以留下的縫份包裹剪去的一側後縫合（包邊壓縫）。

↗

c（背面）
b（背面）
a（背面）

另一側的作法相同

↓

＊製作2片

4

①正面相對。
包身（背面）
②縫合側邊，以包邊壓縫處理縫份。

5

（背面）
寬2.5cm的斜紋布條
蠟繩

↓

②假縫固定
（正面）
①對摺

6

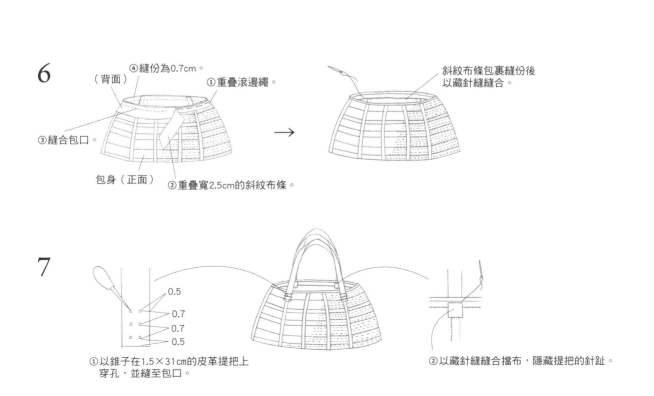

④縫份為0.7cm。
①重疊滾邊繩。
（背面）
③縫合包口。
包身（正面）
②重疊寬2.5cm的斜紋布條。

→

斜紋布條包裹縫份後以藏針縫縫合。

7

0.5
0.7
0.7
0.5

①以錐子在1.5×31cm的皮革提把上穿孔，並縫至包口。

②以藏針縫縫合擋布，隱藏提把的針趾。

8

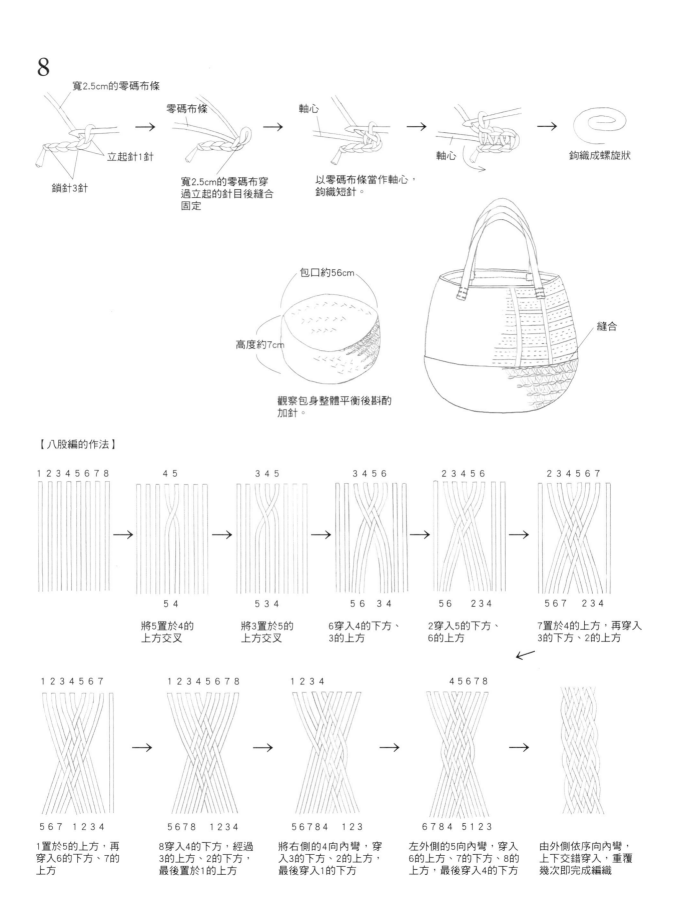

寬2.5cm的零碼布條

立起針1針

鎖針3針

零碼布條

寬2.5cm的零碼布穿
過立起的針目後縫合
固定

軸心

軸心

以零碼布條當作軸心,
鉤織短針。

鉤織成螺旋狀

包口約56cm

高度約7cm

觀察包身整體平衡後斟酌
加針。

縫合

【八股編的作法】

1 2 3 4 5 6 7 8

4 5

5 4

將5置於4的
上方交叉

3 4 5

5 3 4

將3置於5的
上方交叉

3 4 5 6

5 6   3 4

6穿入4的下方、
3的上方

2 3 4 5 6

5 6   2 3 4

2穿入5的下方、
6的上方

2 3 4 5 6 7

5 6 7   2 3 4

7置於4的上方,再
穿入3的下方、2的
上方

1 2 3 4 5 6 7

5 6 7   1 2 3 4

1置於5的上方,再
穿入6的下方、7的
上方

1 2 3 4 5 6 7 8

5 6 7 8   1 2 3 4

8穿入4的下方,經過
3的上方、2的下方,
最後置於1的上方

1 2 3 4

5 6 7 8 4   1 2 3

將右側的4向內彎,穿
入3的上方、2的上方,
最後穿入1的下方

4 5 6 7 8

6 7 8 4   5 1 2 3

左外側的5向內彎,穿入
6的上方、7的上方、8的
上方,最後穿入4的下方

由外側依序向內彎,
上下交錯穿入,重覆
幾次即完成編織

【材料】

表布上片……45×25cm（花朵貼布繡側）

表布下片……80×25cm（以斜紋布條製作的貼布繡側）

貼布繡用布（花朵）……各適量

貼布繡用布（含斜紋布條‧三股編裝飾帶）……各適量

包口裝飾布……50×20cm

提把垂片……35×25cm

袋底表布、擋布……各15×15cm

滾邊用斜紋布條……2.5×40cm

裡布（包身‧袋底裡布‧包口用斜紋布條）……70×70cm

布襯（包口裝飾布‧提把垂片‧袋底擋布）……30×20cm

極厚布襯（袋底裡布）……15×15cm

棉襯……60×60cm

薄棉襯……25×20cm

木質提把……15×7cm‧1組

蠟繩……40cm

25號繡線

【製作方法】

1 在表布上片製作A、B款的貼布繡和刺繡。

2 在表布下片以斜紋布條製作貼布繡，與表布上片縫合。

3 在表面進行壓縫。

4 縫合各片表布，製成包身。

5 製作袋底，與包身縫合。

6 製作包口裝飾布

7 縫製提把垂片，穿入提把。

8 將裝飾布和提把縫至包口，處理縫份。

9 製作三股編後縫至包身。

h PAGE 19 小花貼布繡 提籃包

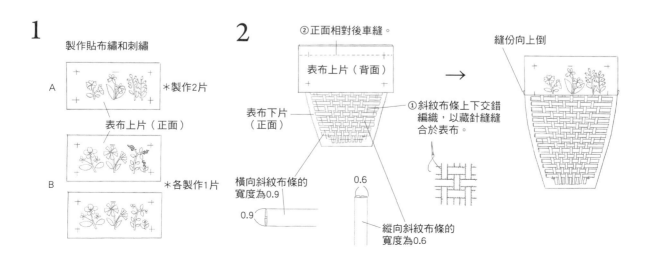

1

製作貼布繡和刺繡

A ＊製作2片

表布上片（正面）

B ＊各製作1片

2

②正面相對後車縫。

表布上片（背面）

表布下片（正面）

①斜紋布條上下交錯編織，以藏針縫縫合於表布。

縫份向上倒

橫向斜紋布條的寬度為0.9

0.9

0.6

縱向斜紋布條的寬度為0.6

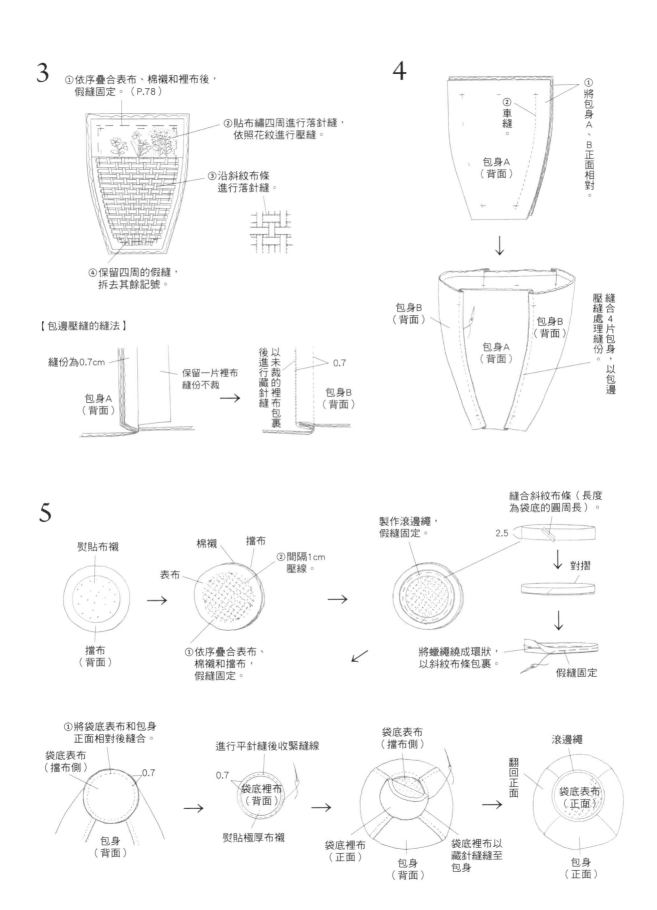

3

①依序疊合表布、棉襯和裡布後，假縫固定。（P.78）

②貼布繡四周進行落針縫，依照花紋進行壓縫。

③沿斜紋布條進行落針縫。

④保留四周的假縫，拆去其餘記號。

【包邊壓縫的縫法】

縫份為0.7cm

保留一片裡布縫份不裁

包身A（背面）

以未裁的裡布包裹後進行藏針縫

0.7

包身B（背面）

4

①將包身A、B正面相對。

②車縫。

包身A（背面）

縫合4片包身，以包邊壓縫處理縫份。

包身B（背面）

包身B（背面）

包身A（背面）

5

熨貼布襯

擋布（背面）

棉襯

表布

擋布

②間隔1cm壓線。

①依序疊合表布、棉襯和擋布，假縫固定。

製作滾邊繩，假縫固定。

縫合斜紋布條（長度為袋底的圓周長）。

2.5

對摺

將蠟繩繞成環狀，以斜紋布條包裹。

假縫固定

①將袋底表布和包身正面相對後縫合。

袋底表布（擋布側）

0.7

包身（背面）

進行平針縫後收緊縫線

0.7

袋底裡布（背面）

熨貼極厚布襯

袋底表布（擋布側）

袋底裡布（正面）

包身（背面）

袋底裡布以藏針縫縫至包身

滾邊繩

翻回正面

袋底表布（正面）

包身（正面）

6

表布（正面）
薄棉襯
0.7
熨貼布襯
①車縫。
裡布（背面）
②沿針趾修棉。

→

0.4
翻回正面
車縫

＊製作20片

7

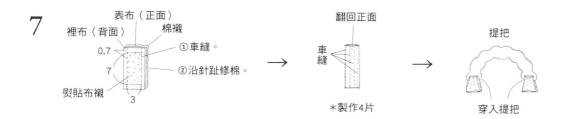

表布（正面）
裡布（背面）
棉襯
0.7
①車縫。
7
②沿針趾修棉。
熨貼布襯
3

→

翻回正面
車縫

＊製作4片

→

提把
穿入提把

8

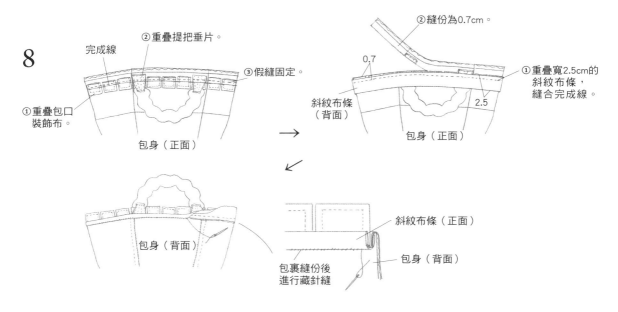

完成線
②重疊提把垂片。
③假縫固定。
①重疊包口裝飾布。
包身（正面）

→

②縫份為0.7cm。
0.7
斜紋布條（背面）
2.5
①重疊寬2.5cm的斜紋布條，縫合完成線。
包身（正面）

↙

包身（背面）

斜紋布條（正面）
包裹縫份後進行藏針縫
包身（背面）

9

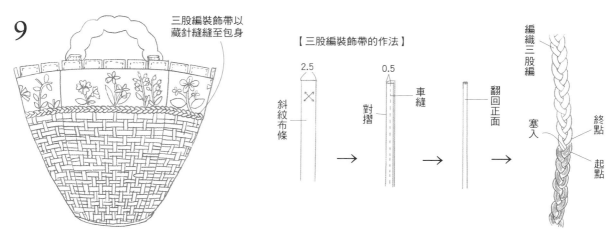

三股編裝飾帶以藏針縫縫至包身

【三股編裝飾帶的作法】

2.5
斜紋布條

→

0.5
對摺
車縫

→

翻回正面

→

編織三股編
塞入
終點
起點

【材料】

表布、裡布……各70×80cm

斜紋布條……3.5×40cm

三股編裝飾用布……各適量

棉襯……70×40cm

薄棉襯……6×40cm

【製作方法】

1 製作前片、側片和後片。

2 縫合前片、側片和後片。

3 籃口以斜紋布條滾邊。

4 製作三股編裝飾帶後縫至本體。

i PAGE 21 號角 編織掛籃

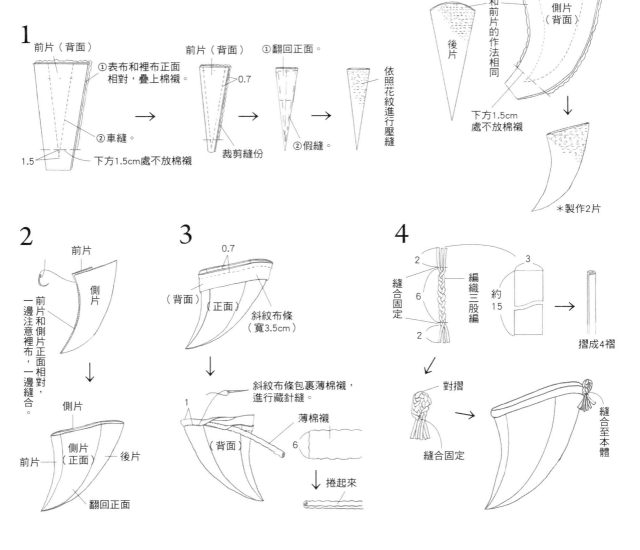

1

前片（背面）

①表布和裡布正面相對，疊上棉襯。

②車縫。

1.5 下方1.5cm處不放棉襯

前片（背面）

0.7

下方1.5cm處不放棉襯

①翻回正面。

②假縫。

裁剪縫份

依照花紋進行壓縫

後片

側片（背面）

和前片的作法相同

下方1.5cm處不放棉襯

＊製作2片

2

前片

側片

前片和側片正面相對，一邊注意裡布，一邊縫合。

側片

前片

側片（正面）

後片

翻回正面

3

0.7

（背面）（正面）

斜紋布條（寬3.5cm）

1

（背面）

斜紋布條包裹薄棉襯，進行藏針縫。

薄棉襯

6

↓捲起來

4

2

6

2

約15

3

縫合固定

編織三股編

摺成4褶

對摺

縫合固定

縫合至本體

PAGE 22

j 迷你方形拼布肩背包

【材料】

拼布用布……各適量

布環、垂片、鈕釦用接縫布……20×20cm

包口布、拼接布、袋底表布……50×40cm

擋布……20×20cm

裡布（含包口用斜紋布條）……60×65cm

中厚布襯（包口裡布・垂片）、厚布襯（拼接裡布）……
各50×10cm

極厚布襯（袋底裡布）……20×20cm

棉襯……60×45cm

鈕釦……5.5×2.5cm・1個

口型環……4.5×2cm・1個

肩背帶……4×80cm

25號繡線

【製作方法】

1 拼縫表布。

2 表布進行壓縫。

3 表布作成環狀後縫合，處理縫份。

4 拼接布進行壓縫，與包身縫合。

5 製作包口布，縫至包身。

6 製作袋底，縫至包身。

7 分別製作布環、鈕釦用接縫布和垂片後縫至包身，
以斜紋布條滾邊包口。

1

①裁剪寬2.5cm或3cm（含0.7cm的縫份）
的布條後拼縫，並注意整體的平衡感。

②橫向裁剪寬2.5cm或3cm
（含0.7cm的縫份）的布條。

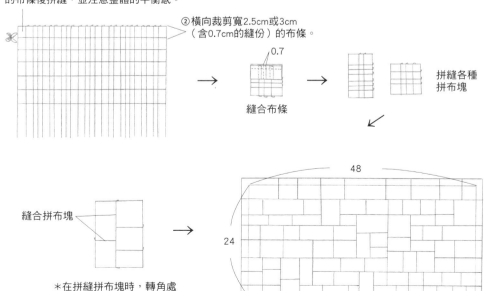

0.7

縫合布條

拼縫各種
拼布塊

縫合拼布塊

＊在拼縫拼布塊時，轉角處
不對準也沒關係。

48

24

依圖示製作相
同尺寸

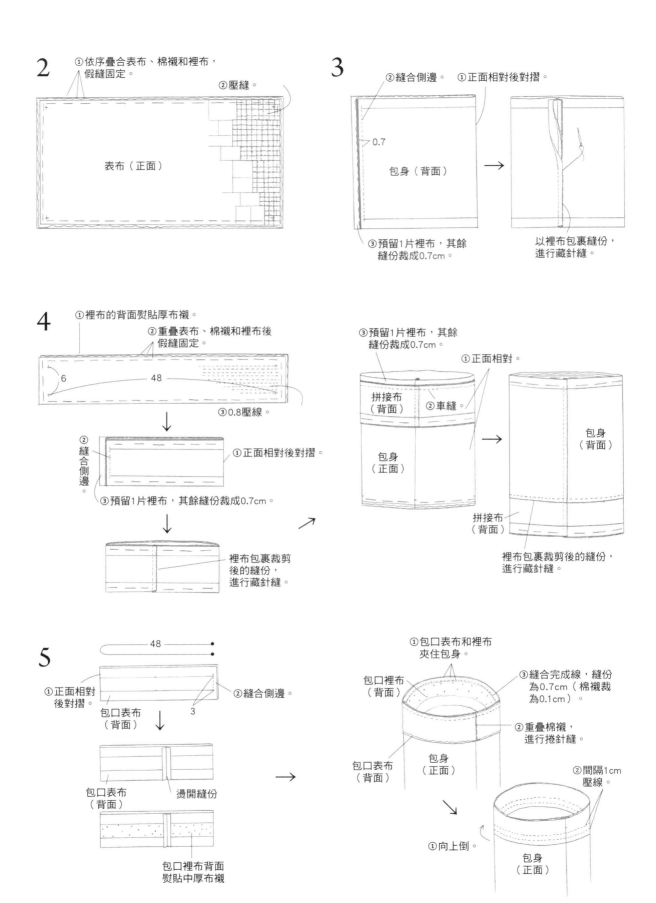

2 ①依序疊合表布、棉襯和裡布，
　假縫固定。
②壓縫。

表布（正面）

3 ②縫合側邊。　①正面相對後對摺。

0.7
包身（背面）

③預留1片裡布，其餘
　縫份裁成0.7cm。

以裡布包裹縫份，
進行藏針縫。

4 ①裡布的背面熨貼厚布襯。
②重疊表布、棉襯和裡布後
　假縫固定。

6　48
③0.8壓線。

②
縫
合
側
邊
。
①正面相對後對摺。
③預留1片裡布，其餘縫份裁成0.7cm。

裡布包裹裁剪
後的縫份，
進行藏針縫。

③預留1片裡布，其餘
　縫份裁成0.7cm。
①正面相對。

拼接布
（背面）
②車縫。
包身
（正面）

包身
（背面）

拼接布
（背面）

裡布包裹裁剪後的縫份，
進行藏針縫。

5 48
①正面相對
後對摺。
包口表布
（背面）
②縫合側邊。
3

包口表布
（背面）
燙開縫份

包口裡布背面
熨貼中厚布襯

①包口表布和裡布
　夾住包身。

包口裡布
（背面）
③縫合完成線，縫份
　為0.7cm（棉襯裁
　為0.1cm）。

包口表布
（背面）
包身
（正面）
②重疊棉襯，
　進行捲針縫。

②間隔1cm
　壓線。

①向上倒。
包身
（正面）

6

①依序疊合表布、棉襯和擋布,假縫固定。

②間隔1cm壓線。

②周圍進行平針縫。

①袋底裡布熨貼極厚布襯。

袋底裡布(背面)

③拉緊縫線,縫份往內摺。

①包身和袋底表布正面相對。

④縫份為0.7cm。

拼接布(背面)

③車縫

②夾住肩背帶(長80cm)。

袋底表布(擋布側)

②重疊袋底裡布,進行藏針縫。

①縫份向內倒

袋底裡布(正面)

7

【布環】

2.7

①正面相對對摺。

0.5

③塞進布環。

②捲起寬1.5cm的棉襯。

2

以Z字型車縫縫合布環

12 斜紋布條

②車縫。

①翻回正面。

【鈕釦用接縫布】

1

6

斜紋布條

③修棉,裁去多餘棉襯。

①兩片正面相對,疊上棉襯。

②車縫。

①翻回正面。

②在中央車縫。

縫合鈕釦

【垂片】

③修棉,裁去多餘棉襯。

②車縫。

翻回正面

4

3

斜紋布條

0.7

熨貼中厚布襯

①兩片正面相對,疊上棉襯。

車縫

穿入口型環

①將布環縫至記號處。

4.5

③將垂片縫至記號處。

②將鈕釦用接縫布縫至記號處。

④如圖,肩背帶穿入口型環,縫至記號處。

(正面)

針趾

②刺繡。

殖民結粒繡(2股)

千鳥繡(2股)

①以斜紋布條包邊,進行藏針縫。

②縫合包口,縫份為0.7cm。

0.7

(背面)

①重疊寬2.5cm的斜紋布條。

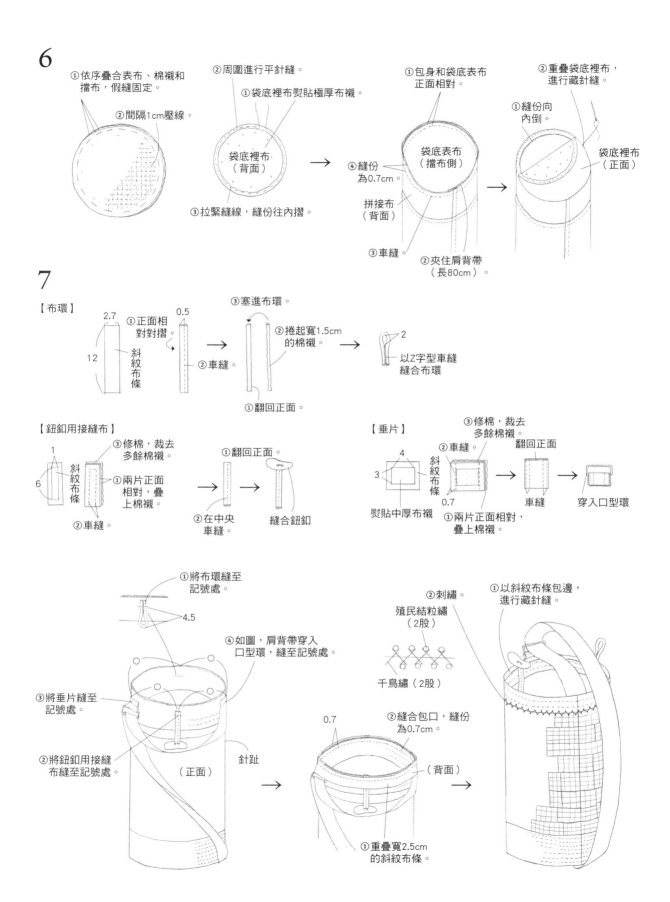

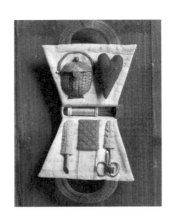

k

PAGE 25

提籃造型的
縫紉工具盒

【材料】

拼布用布……各適量

裡布（包含各收納部位的裡布）……30×40cm

提把用布……35×20cm

擋布（提把）……35×10cm

針插用布……20×15cm

收納用布、貼布繡用布……各適量

棉襯……70×40cm

布襯……35×35cm

蠟繩……45cm

磁釦、四合釦（小）……各1組

木質串珠……

直徑0.3cm・1cm的2種・長2cm各1顆・直徑0.4cm的2顆

塑膠板……20×35cm

魔鬼氈……3.5cm

棉花、25號繡線

【製作方法】

1 拼縫表布後壓縫。

2 裡布進行貼布繡，熨貼布襯。

3 製作各收納部位，再縫至裡布。

4 製作提把。

5 表布和裡布對齊縫合。

6 置入塑膠板。

7 製作側幅，縫至本體。

1

正面

內摺後進行
藏針縫

縫合

縫至記號處

背面

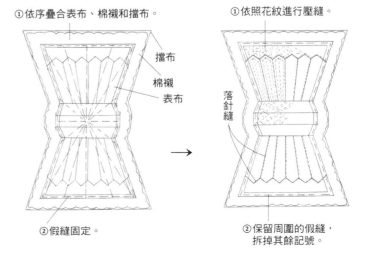

①依序疊合表布、棉襯和擋布。

擋布

棉襯

表布

②假縫固定。

①依照花紋進行壓縫。

落針縫

②保留周圍的假縫，
拆掉其餘記號。

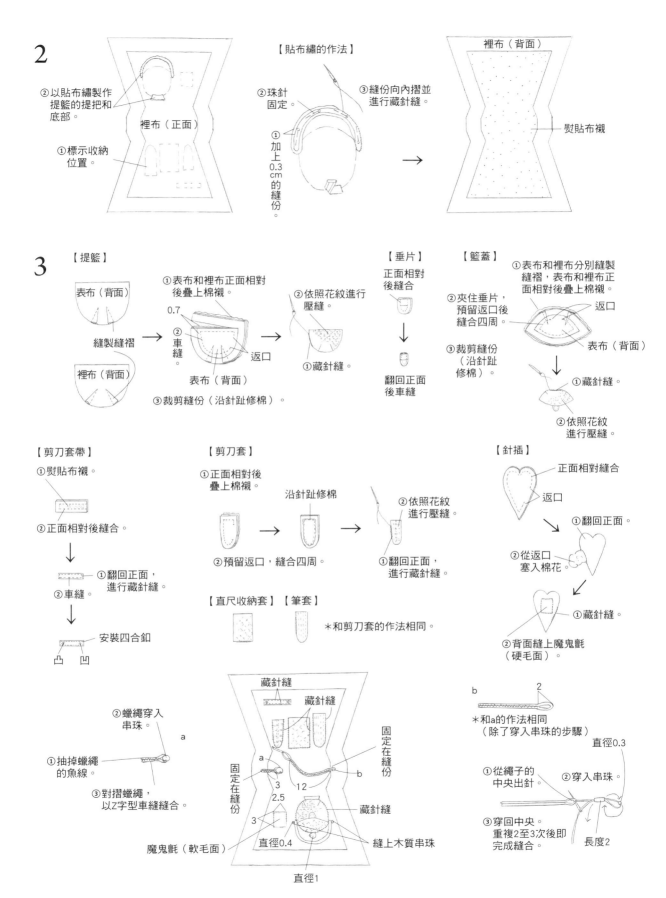

2

②以貼布繡製作提籃的提把和底部。

①標示收納位置。

裡布（正面）

【貼布繡的作法】

②珠針固定。

③縫份向內摺並進行藏針縫。

①加上0.3cm的縫份。

→

裡布（背面）

熨貼布襯

3

【提籃】

表布（背面）

縫製縫褶 →

裡布（背面）

①表布和裡布正面相對後疊上棉襯。

0.7

②車縫。

③裁剪縫份（沿針趾修棉）。

表布（背面）

返口

②依照花紋進行壓縫。

①藏針縫。

【垂片】

正面相對後縫合

↓

翻回正面後車縫

【籃蓋】

①表布和裡布分別縫製縫褶，表布和裡布正面相對後疊上棉襯。

②夾住垂片，預留返口後縫合四周。

③裁剪縫份（沿針趾修棉）。

返口

表布（背面）

①藏針縫。

②依照花紋進行壓縫。

【剪刀套帶】

①熨貼布襯。

②正面相對後縫合。

↓

①翻回正面，進行藏針縫。

②車縫。

↓

安裝四合釦

凸　凹

【剪刀套】

①正面相對後疊上棉襯。

沿針趾修棉

②預留返口，縫合四周。

②依照花紋進行壓縫。

①翻回正面，進行藏針縫。

【直尺收納套】【筆套】

＊和剪刀套的作法相同。

【針插】

正面相對縫合

返口

①翻回正面。

②從返口塞入棉花。

①藏針縫。

②背面縫上魔鬼氈（硬毛面）。

②蠟繩穿入串珠。

①抽掉蠟繩的魚線。

a

③對摺蠟繩，以Z字型車縫縫合。

藏針縫

藏針縫

a

固定在縫份

固定在縫份

3

12

2.5

3

直徑0.4

魔鬼氈（軟毛面）

直徑1

固定在縫份

b

藏針縫

縫上木質串珠

b　　　　2

＊和a的作法相同（除了穿入串珠的步驟）

直徑0.3

①從繩子的中央出針。

②穿入串珠。

③穿回中央。重複2至3次後即完成縫合。

長度2

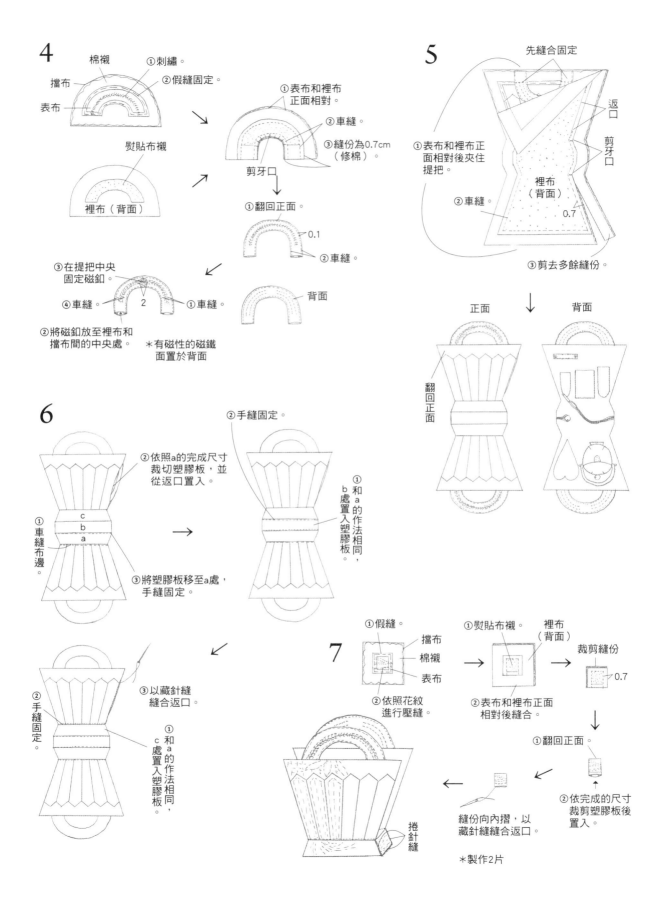

4

棉襯
擋布
表布
①刺繡。
②假縫固定。

熨貼布襯

裡布（背面）

①表布和裡布正面相對。
②車縫。
③縫份為0.7cm（修棉）。
剪牙口

①翻回正面。
0.1
②車縫。

背面

③在提把中央固定磁釦。
④車縫。
2
①車縫。

②將磁釦放至裡布和擋布間的中央處。

＊有磁性的磁鐵面置於背面

5

先縫合固定

返口
剪牙口

①表布和裡布正面相對後夾住提把。

②車縫。

裡布（背面）

0.7

③剪去多餘縫份。

正面
翻回正面

背面

6

②手縫固定。

②依照a的完成尺寸裁切塑膠板，並從返口置入。

①車縫布邊。
c
b
a

③將塑膠板移至a處，手縫固定。

①b處和a的作法相同，置入塑膠板。

②手縫固定。

③以藏針縫縫合返口。

①c處和a的作法相同，置入塑膠板。

7

①假縫。
擋布
棉襯
表布

②依照花紋進行壓縫。

①熨貼布襯。
裡布（背面）
裁剪縫份
0.7

②表布和裡布正面相對後縫合。

①翻回正面。

②依完成的尺寸裁剪塑膠板後置入。

縫份向內摺，以藏針縫縫合返口。

捲針縫

＊製作2片

1

PAGE 26

鄉村小屋風的
縫紉收納籃

【材料】

貼布繡用布……各適量

表布（側片・籃蓋）……70×45cm

表布底片……20×15cm

提把用布……20×30cm

斜紋布條……3.5×100cm

擋布……50×55cm

裡布（含隔層布）……70×55cm

直徑2.5cm的木質串珠……2顆

棉襯……100×100cm

塑膠板……70×70cm

25號繡線

【製作方法】

1 表布側片製作貼布繡。

2 縫合表布底片和表布側片後進行壓縫。

3 縫合本體表布和本體裡布，塞入塑膠板。

4 製作隔層和提把。

5 將隔層縫至底片。

6 縫合側片。

7 製作籃蓋。

8 將籃蓋縫至隔層。

1

側片a

表布
（正面）

＊製作2片

斜紋布條上下交錯編織，
以藏針縫縫合固定。

側片b

表布
（正面）

＊製作2片

斜紋布條（正面）

＊斜紋布條：
縱向寬0.6cm
橫向寬1.2cm和0.5cm

2

①如圖進行縫合。依序
疊合表布、棉襯和擋
布，假縫固定。

②壓縫。

貼布繡周圍
進行落針縫

表布底片
（正面）

依照花紋
進行壓縫

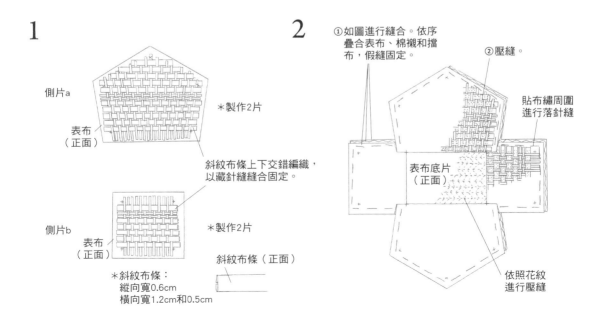

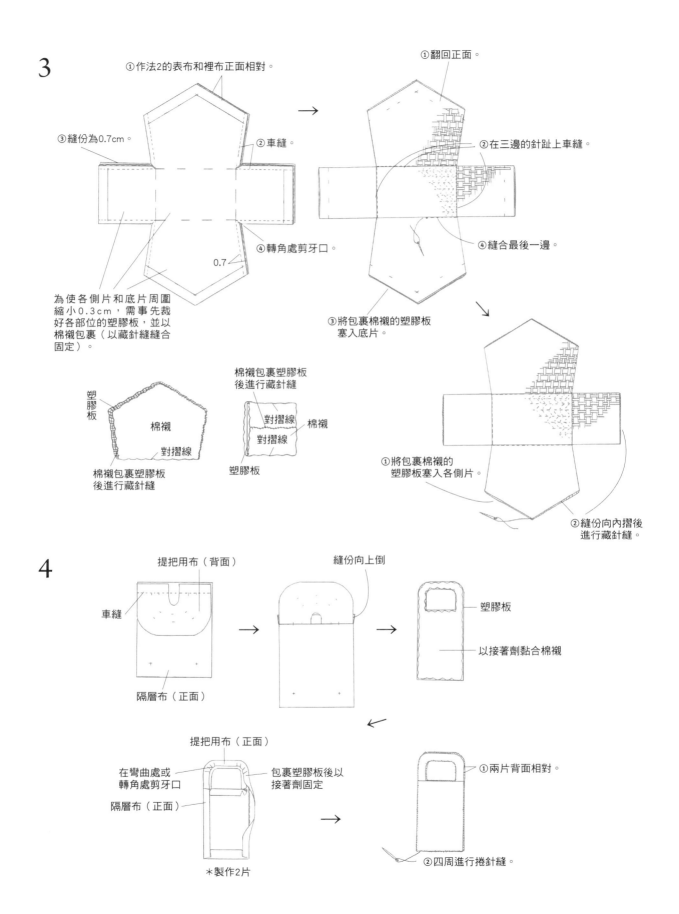

3

①作法2的表布和裡布正面相對。

③縫份為0.7cm。

②車縫。

④轉角處剪牙口。

0.7

為使各側片和底片周圍縮小0.3cm，需事先裁好各部位的塑膠板，並以棉襯包裹（以藏針縫縫合固定）。

塑膠板

棉襯

對摺線

棉襯包裹塑膠板後進行藏針縫

棉襯包裹塑膠板後進行藏針縫

對摺線

棉襯

對摺線

塑膠板

①翻回正面。

②在三邊的針趾上車縫。

④縫合最後一邊。

③將包裹棉襯的塑膠板塞入底片。

①將包裹棉襯的塑膠板塞入各側片。

②縫份向內摺後進行藏針縫。

4

提把用布（背面）

車縫

隔層布（正面）

縫份向上倒

塑膠板

以接著劑黏合棉襯

提把用布（正面）

在彎曲處或轉角處剪牙口

包裹塑膠板後以接著劑固定

隔層布（正面）

＊製作2片

①兩片背面相對。

②四周進行捲針縫。

5

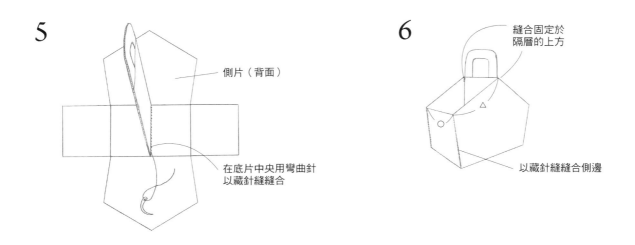

側片（背面）

在底片中央用彎曲針
以藏針縫縫合

6

縫合固定於
隔層的上方

以藏針縫縫合側邊

7

①和側片的作法相同。
表布上製作貼布繡。

②依序疊合表布、棉襯和擋布，
假縫固定。

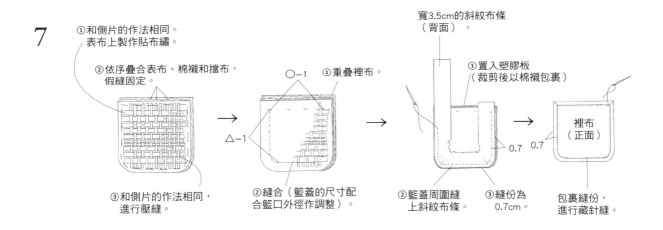

③和側片的作法相同，
進行壓縫。

○－1

△－1

①重疊裡布。

②縫合（籃蓋的尺寸配
合籃口外徑作調整）。

寬3.5cm的斜紋布條
（背面）。

①置入塑膠板
（裁剪後以棉襯包裹）

②籃蓋周圍縫
上斜紋布條。

③縫份為
0.7cm。

0.7   0.7

裡布
（正面）

包裹縫份，
進行藏針縫。

8

①以藏針縫縫合籃蓋的滾邊和隔層。

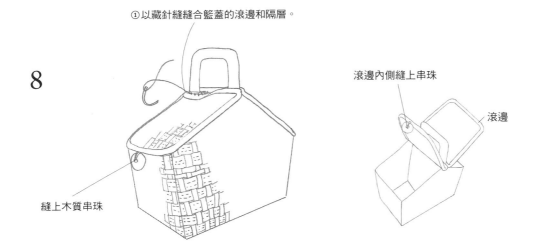

縫上木質串珠

滾邊內側縫上串珠

滾邊

m PAGE 28 環形貼布繡肩背包

【材料】
貼布繡用布……各適量
表布……90×40cm
裡布（包含貼邊‧斜紋布條‧磁釦用布）……90×60cm
滾邊用斜紋布條……2.5×90cm
附有釦環的皮革背帶……1條
蠟繩……85cm
厚布襯……90×40cm
棉襯……90×40cm
磁釦……1組
鈕釦用縫線

【製作方法】
1 表布前片製作貼布繡（參照P.79作法2）。
2 依序疊合表布、棉襯和裡布後壓縫。
3 貼邊與包口縫合。
4 後片壓線。
5 後片和前片的作法相同，縫合後片包口。
6 製作滾邊繩後縫至後片。
7 對齊前、後片縫合四周，處理縫份。
8 處理貼邊。
9 安裝背帶。

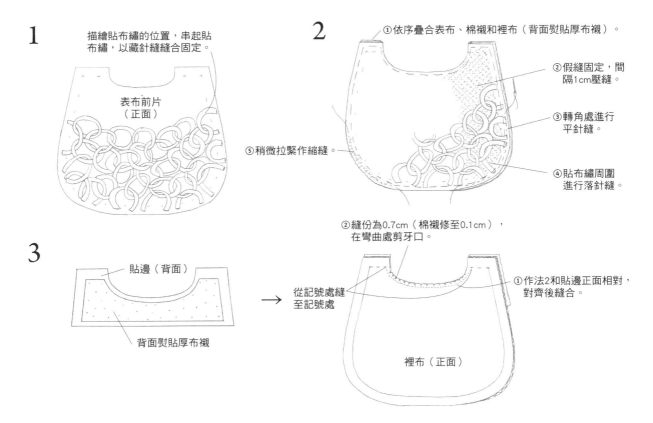

1 描繪貼布繡的位置，串起貼布繡，以藏針縫縫合固定。

表布前片（正面）

2 ①依序疊合表布、棉襯和裡布（背面熨貼厚布襯）。

②假縫固定，間隔1cm壓縫。

③轉角處進行平針縫。

④貼布繡周圍進行落針縫。

⑤稍微拉緊作縮縫。

3 貼邊（背面）

背面熨貼厚布襯

②縫份為0.7cm（棉襯修至0.1cm），在彎曲處剪牙口。

從記號處縫至記號處

①作法2和貼邊正面相對，對齊後縫合。

裡布（正面）

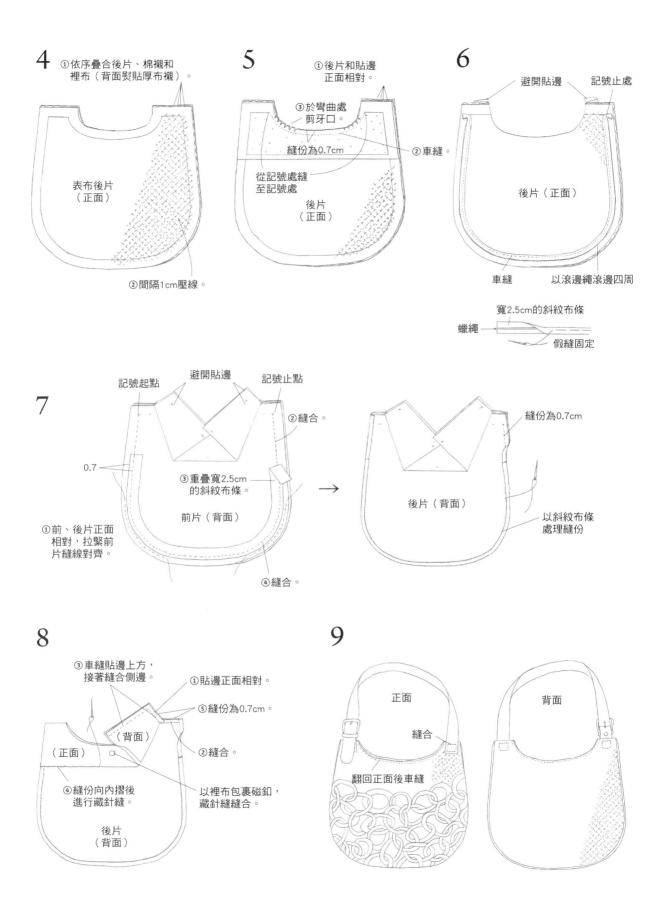

4
①依序疊合後片、棉襯和裡布（背面熨貼厚布襯）。

表布後片（正面）

②間隔1cm壓線。

5
①後片和貼邊正面相對。

③於彎曲處剪牙口

縫份為0.7cm

②車縫。

從記號處縫至記號處

後片（正面）

6
避開貼邊　記號止處

後片（正面）

車縫　　以滾邊繩滾邊四周

寬2.5cm的斜紋布條

蠟繩

假縫固定

7
記號起點　避開貼邊　記號止點

②縫合。

0.7

③重疊寬2.5cm的斜紋布條。

前片（背面）

①前、後片正面相對，拉緊前片縫線對齊。

④縫合。

→

縫份為0.7cm

後片（背面）

以斜紋布條處理縫份

8
③車縫貼邊上方，接著縫合側邊。

①貼邊正面相對。

⑤縫份為0.7cm。

（背面）

②縫合。

（正面）

④縫份向內摺後進行藏針縫。

以裡布包裹磁釦，藏針縫縫合。

後片（背面）

9
正面

縫合

翻回正面後車縫

背面

8 5

【材料】
表布（含提把・表布底片）……80×65cm
裡布底片、裝飾布條……60×40cm
擋布……65×50cm
布襯（裡布底片）……20×15cm
厚布襯（側片・裝飾布條）……35×30cm
極厚布襯（提把）……30×8cm
棉襯……65×50cm
塑膠板……40×35cm

【製作方法】
1 製作側片。
2 製作底片。
3 製作裝飾布條。
4 縫合表布底片和側片。
5 裝飾布條縫至側片。
6 縫合裡布底片。
7 製作提把。
8 縫合側片，安裝提把。

O PAGE 30 木紋風拼布收納盒

1
①依序疊合表布、棉襯和擋布，假縫固定。
②依照花紋進行壓縫。
②表布和裡布正面相對。
④縫份為0.7cm。
0.7
③車縫。
①裡布熨貼厚布襯。
大　小
翻回正面
＊製作12片　＊製作8片

2
①依序疊合表布、棉襯和擋布，假縫固定。
完成線
表布底片（正面）
②依照花紋進行壓線。
①熨貼布襯。
裡布底片（背面）
②摺疊縫份。

3
②表布和裡布正面相對，疊上棉襯。
①熨貼厚布襯。
③車縫。
①翻回正面。
②縫份向內摺，進行藏針縫。
大　＊製作4片
小　＊製作4片

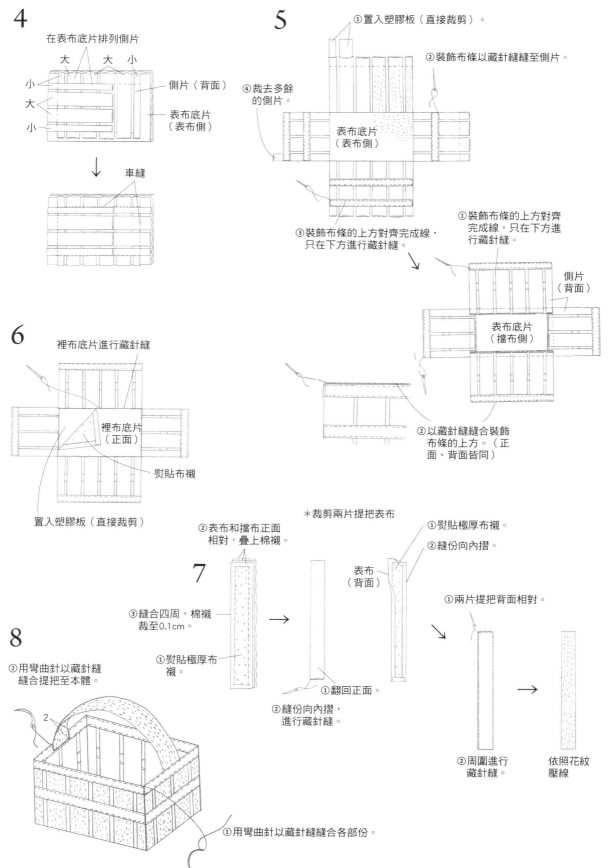

4

在表布底片排列側片

大　大　小

小

大

小

側片（背面）

表布底片
（表布側）

車縫

5

①置入塑膠板（直接裁剪）。

②裝飾布條以藏針縫縫至側片。

④裁去多餘
的側片。

表布底片
（表布側）

③裝飾布條的上方對齊完成線，
只在下方進行藏針縫。

①裝飾布條的上方對齊
完成線，只在下方進
行藏針縫。

側片
（背面）

表布底片
（擋布側）

②以藏針縫縫合裝飾
布條的上方。（正
面、背面皆同）

6

裡布底片進行藏針縫

裡布底片
（正面）

熨貼布襯

置入塑膠板（直接裁剪）

7

②表布和擋布正面
相對，疊上棉襯。

＊裁剪兩片提把表布

①熨貼極厚布襯。

②縫份向內摺。

表布
（背面）

③縫合四周，棉襯
裁至0.1cm。

①熨貼極厚布
襯。

①翻回正面。

②縫份向內摺，
進行藏針縫。

①兩片提把背面相對。

②周圍進行
藏針縫。

依照花紋
壓線

8

②用彎曲針以藏針縫
縫合提把至本體。

2

①用彎曲針以藏針縫縫合各部份。

n PAGE 29 貼布繡手拿包

【材料】

表布（上片・上片側幅）……50×50cm

表布（下片・下片側幅）……40×20cm

貼布繡用布……各適量

包口布（含斜紋布條）……65×65cm

提把用布……30×35cm

袋底表布……25×15cm

裡布（包身・側幅・袋底）……100×45cm

別布（提把）……10×35cm

水兵帶……2×90cm

中厚布襯（提把）……15×30cm

厚布襯（袋底裡布）……25×10cm

棉襯……75×70cm

薄棉襯……20×35cm

25號繡線

【製作方法】

1 在表布上以斜紋布條製作貼布繡。

2 包口布縫至表布上片。

3 表布進行壓縫。

4 製作側幅。

5 製作袋底。

6 縫合表布和袋底，並縫合側幅。

7 製作提把，縫至包身。包口滾邊。

8 抓緊包身轉角後車縫固定。

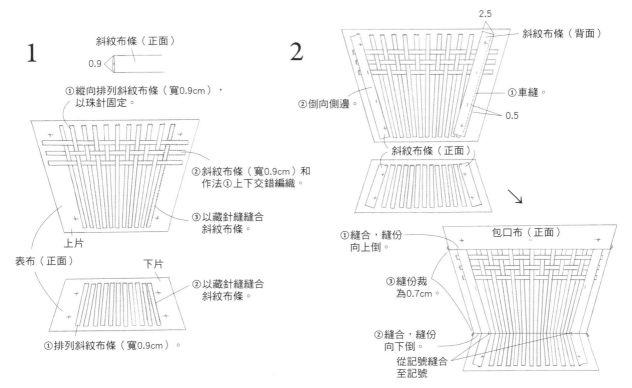

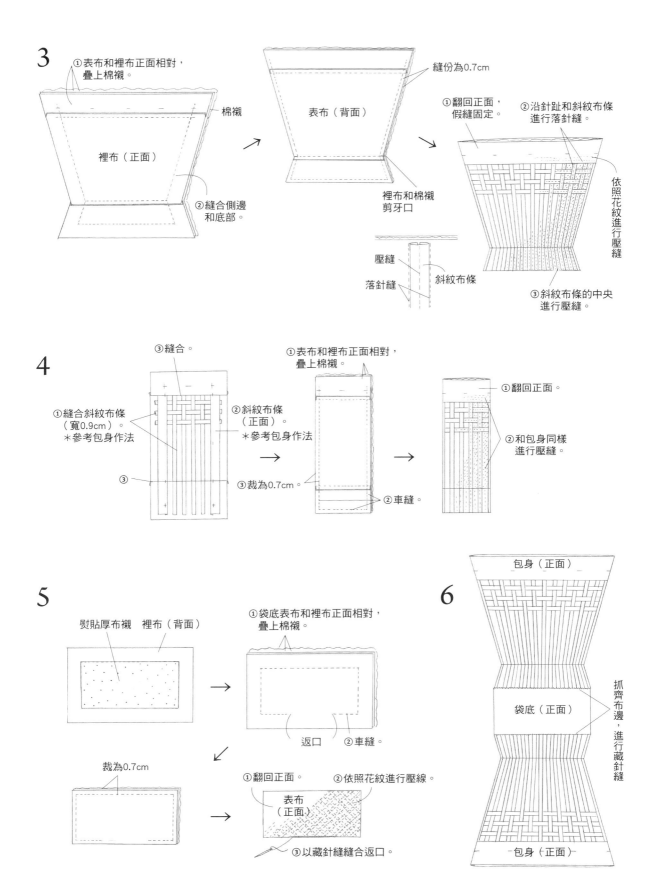

3

① 表布和裡布正面相對，疊上棉襯。

棉襯

裡布（正面）

② 縫合側邊和底部。

縫份為0.7cm

表布（背面）

裡布和棉襯剪牙口

① 翻回正面，假縫固定。

② 沿針趾和斜紋布條進行落針縫。

壓縫

落針縫

斜紋布條

依照花紋進行壓縫

③ 斜紋布條的中央進行壓縫。

4

③ 縫合。

① 縫合斜紋布條（寬0.9cm）。 ＊參考包身作法

③

① 表布和裡布正面相對，疊上棉襯。

② 斜紋布條（正面）。 ＊參考包身作法

③ 裁為0.7cm

② 車縫。

① 翻回正面。

② 和包身同樣進行壓縫。

5

熨貼厚布襯　裡布（背面）

① 袋底表布和裡布正面相對，疊上棉襯。

返口

② 車縫。

裁為0.7cm

① 翻回正面。

② 依照花紋進行壓線。

表布（正面）

③ 以藏針縫縫合返口。

6

包身（正面）

袋底（正面）

抓齊布邊，進行藏針縫

包身（正面）

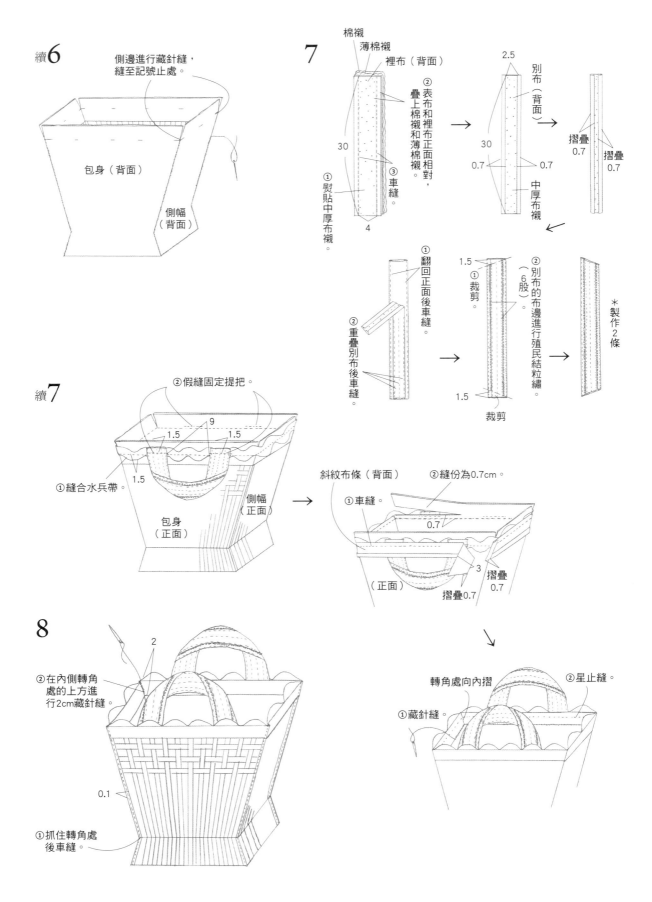

續6

側邊進行藏針縫,
縫至記號止處。

包身(背面)

側幅
(背面)

7

棉襯
薄棉襯
裡布(背面)

② 表布和裡布正面相對,疊上棉襯和薄棉襯。
③ 車縫。
① 熨貼中厚布襯。

30
4

2.5
別布(背面)
30
0.7   0.7
中厚布襯

摺疊 0.7
摺疊 0.7

① 翻回正面後車縫。
② 重疊別布後車縫。

1.5
① 裁剪
② 別布的布邊進行殖民結粒繡(6股)。
1.5
裁剪

＊製作2條

續7

② 假縫固定提把。
9
1.5   1.5
1.5
① 縫合水兵帶。

包身
(正面)

側幅
(正面)

斜紋布條(背面)
① 車縫。
② 縫份為0.7cm。
0.7
(正面)
3
摺疊 0.7
摺疊 0.7

8

2
② 在內側轉角處的上方進行2cm藏針縫。

0.1

① 抓住轉角處後車縫。

轉角處向內摺
② 星止縫。
① 藏針縫。

【材料】

貼布繡用布……各適量

外口袋表布、外口袋裡布……40×40cm

底布表布、底布裡布……各65×65cm

內側底布……65×25cm

內口袋用布……65×30cm

斜紋布條（外口袋袋口‧垂片2片）……3.5×75cm

斜紋布條（底布‧垂片2片）……3.5×170cm

斜紋布條（內口袋袋口‧內袋口底部）……各3.5×65cm

棉襯……80×45cm

布襯……2.5×8cm

直徑1.3cm的鈕釦……8顆

小型四合釦……4組

棉花……少許

【製作方法】

1 外口袋表布製作貼布繡。

2 外口袋表布進行壓縫。

3 在底布進行壓縫。

4 外口袋袋口進行滾邊。

5 外口袋假縫固定在底布上。

6 外口袋的周圍進行滾邊。

7 縫製內側底布。

8 外口袋縫至內側底布。

9 製作內口袋。

10 內口袋縫至內側底布。

11 製作垂片後縫至本體。安裝四合釦。

p PAGE 32 附口袋的提籃外罩

1

外口袋表布（正面）

製作YO-YO貼布繡
（參照P.95的作法7）

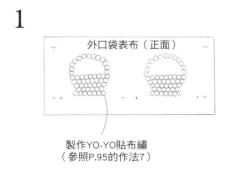

2

①表布和裡布正面相對，
疊上棉襯。

外口袋表布
（背面）

②縫合。

③縫份為0.7cm
（棉襯裁至0.1cm）。

0.7

④剪牙口

①翻回正面。

②假縫固定。

④沿貼布繡
進行落針縫。

③壓縫。

＊製作2片（縫製貼布繡時請選擇不同顏色）

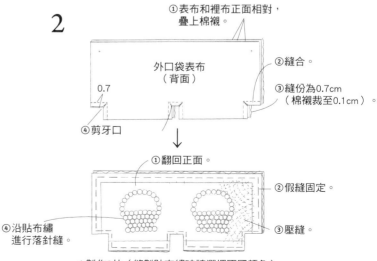

3

①依序疊合底布表布、棉襯和
底布裡布，假縫固定。

底布表布（正面）

②依照花紋進行壓縫。

＊製作2片

4

寬3.5cm的斜紋布條

0.7

沿完成線裁剪，
縫合袋口。

外口袋（正面）

以斜紋布條包邊，
進行藏針縫。

外口袋（背面）

5

①縫合外口袋中央。

③假縫固定。

②摺疊側幅，以藏針縫縫合。

6

寬3.5cm的斜紋布條

0.7

縫至記號處

①摺疊斜紋布條。

②從記號處縫至記號處。

②從記號處縫至上方。

縫份為0.7cm，以斜紋布條
包裹後進行藏針縫。

底布（背面）

①摺疊。

摺疊邊角

7

0.7

內側底布（背面）

對摺線

＊製作2片

8

外口袋

內側底布（背面）

燙開縫份

縫合袋口，縫份為0.7cm

外口袋（正面）

內側底布（正面）

翻回正面

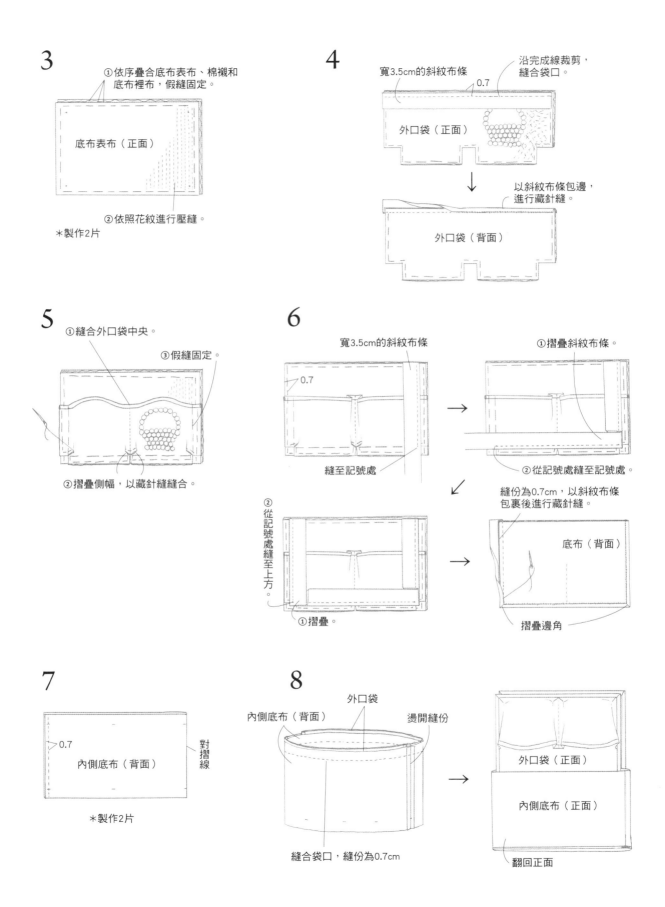

9

0.7

內口袋（背面）

＊製作2片

對摺線

①內口袋背面相對後重疊。

②斜紋布條的布邊對齊
完成線後車縫一圈。

0.7

（正面）

寬3.5cm的斜紋布條

以斜紋布條包邊後，
進行藏針縫。

內口袋（正面）

10

內側底布（正面）

①重疊內口袋。

②車縫裝飾線。

0.7

縫合內口袋底部，
縫份為0.7cm。

寬3.5cm的斜紋布條
（背面）

包裹縫份，
進行藏針縫。

11

垂片（背面）

0.7

車縫

熨貼布襯

返口

①翻回正面。 ③車縫。

②返口進行藏針縫。

縫合四合釦

凸

凸

6

6

凹

6

6

凹

縫合裝飾釦

垂片固定於鈕釦上

安裝四合釦

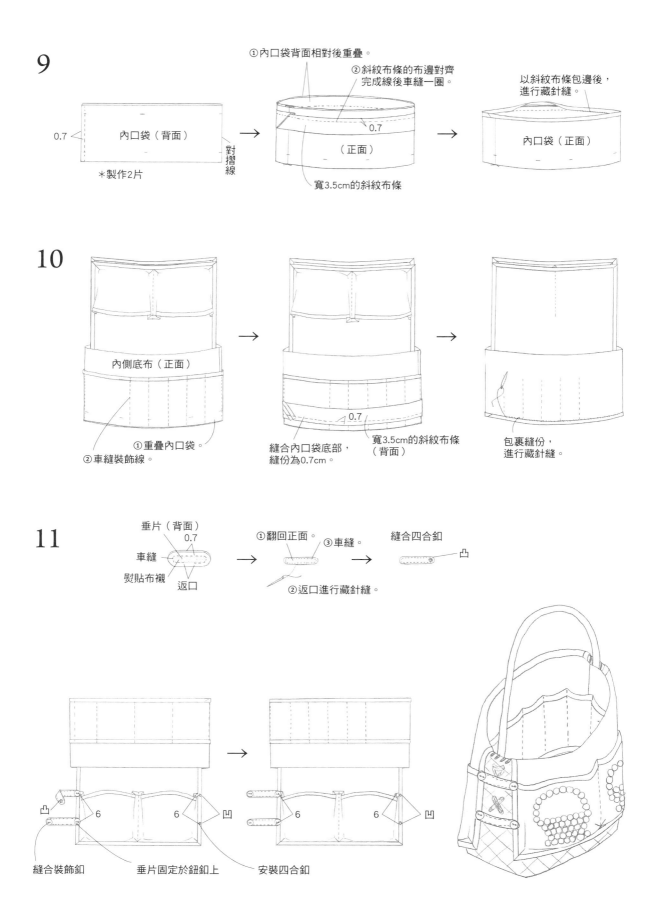

【材料】
表布……50×35cm
貼布繡用布……各適量
表布底片……15×15cm
擋布……55×35cm
裡布（含提把用布）……65×35cm
棉襯……55×35cm
布襯……10×12cm
塑膠板……50×35cm
鐵絲……30cm
棉花……少許

q PAGE 33 小圓珠提把
置物籃

【製作方法】
1 在表布側片製作貼布繡後壓縫。
2 對齊表布側片和裡布後縫合，置入塑膠板。
3 製作表布底片。
4 縫合側片和表布底片，縫合裡布底片。
5 縫合各側片。
6 製作提把。
7 安裝提把。

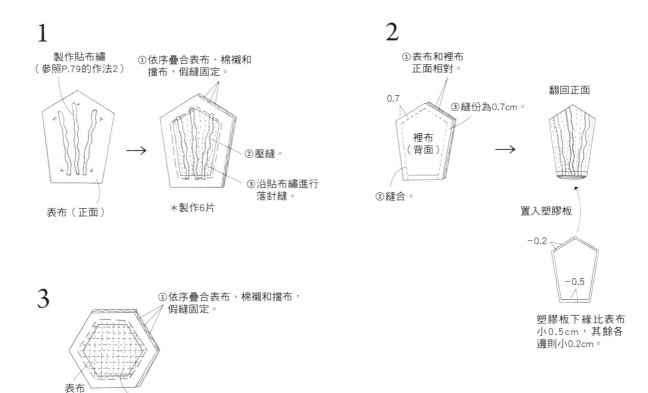

1
製作貼布繡
（參照P.79的作法2）
①依序疊合表布、棉襯和擋布，假縫固定。
②壓縫。
③沿貼布繡進行落針縫。
表布（正面）
＊製作6片

2
①表布和裡布正面相對。
0.7
③縫份為0.7cm。
裡布（背面）
②縫合。
翻回正面
置入塑膠板
−0.2
−0.5
塑膠板下緣比表布小0.5cm，其餘各邊則小0.2cm。

3
①依序疊合表布、棉襯和擋布，假縫固定。
表布（正面）
②間隔1cm壓線。

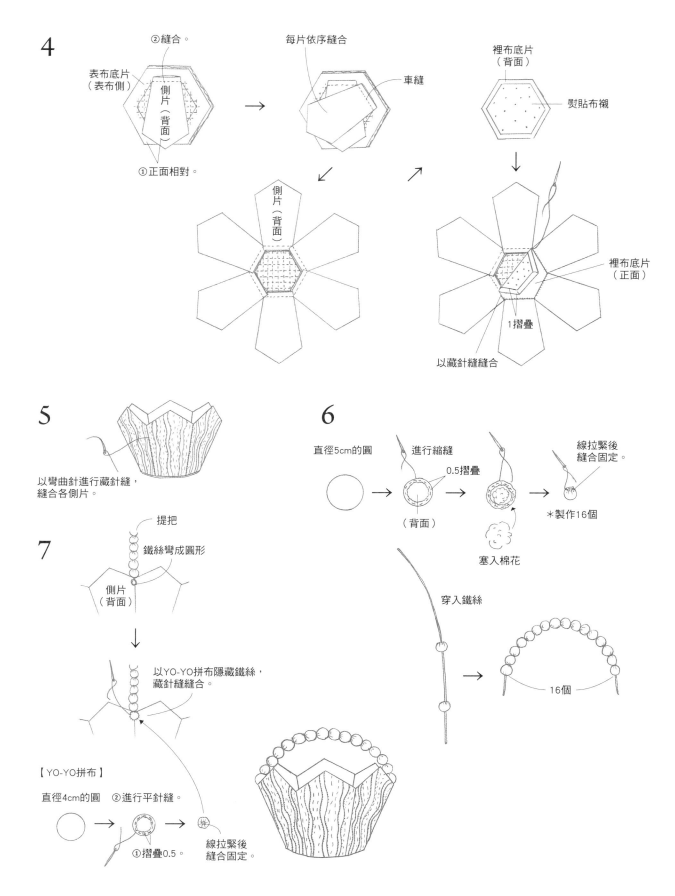

4

②縫合。

表布底片
（表布側）

側片
（背面）

①正面相對。

每片依序縫合

車縫

側片（背面）

裡布底片
（背面）

熨貼布襯

裡布底片
（正面）

1摺疊

以藏針縫縫合

5

以彎曲針進行藏針縫，
縫合各側片。

6

直徑5cm的圓

進行縮縫

0.5摺疊

（背面）

塞入棉花

線拉緊後
縫合固定。

＊製作16個

穿入鐵絲

16個

7

提把

鐵絲彎成圓形

側片
（背面）

以YO-YO拼布隱藏鐵絲，
藏針縫縫合。

【YO-YO拼布】

直徑4cm的圓　②進行平針縫。

①摺疊0.5。

線拉緊後
縫合固定。

r PAGE 34 七葉樹
造型化妝包

【材料】

表布（含拉鍊拉環）、裡布……各50×40cm

貼布繡用布……各適量

口袋用布（網紗材質）……25×10cm

垂片……15×15cm

口袋用斜紋布條……3.5×25cm

滾邊用斜紋布條……2.5×60cm

擋布……50×40cm

棉襯……50×40cm

厚布襯……45×30cm

塑膠板……25×20cm

長41cm的拉鍊……1條

2.5cm橡果造型的木質串珠……1個

3.5和5cm葉子造型的木質串珠……各1個

25號繡線

【製作方法】

1 在表布側片製作貼布繡和刺繡後壓縫。

2 在側片車縫拉鍊。

3 製作垂片，假縫固定於側片。

4 縫合側片和後片。

5 在袋蓋表布製作貼布繡和刺繡後壓縫。

6 製作滾邊繩，縫至袋蓋表布。

7 縫製袋蓋裡布。

8 袋蓋縫至側片。

9 製作底片後縫至本體。

10 製作拉鍊裝飾並縫合。

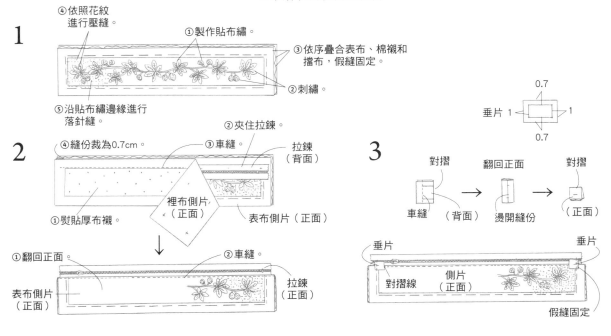

1

④依照花紋進行壓縫。

①製作貼布繡。

③依序疊合表布、棉襯和擋布，假縫固定。

②刺繡。

⑤沿貼布繡邊緣進行落針縫。

2

④縫份裁為0.7cm。

③車縫。

②夾住拉鍊。

拉鍊（背面）

裡布側片（正面）

①熨貼厚布襯。

表布側片（正面）

①翻回正面。

②車縫。

表布側片（正面）

拉鍊（正面）

3

垂片 1

0.7

0.7

1

對摺

車縫 （背面）

翻回正面

燙開縫份

對摺

（正面）

垂片

垂片

對摺線

側片（正面）

假縫固定

96

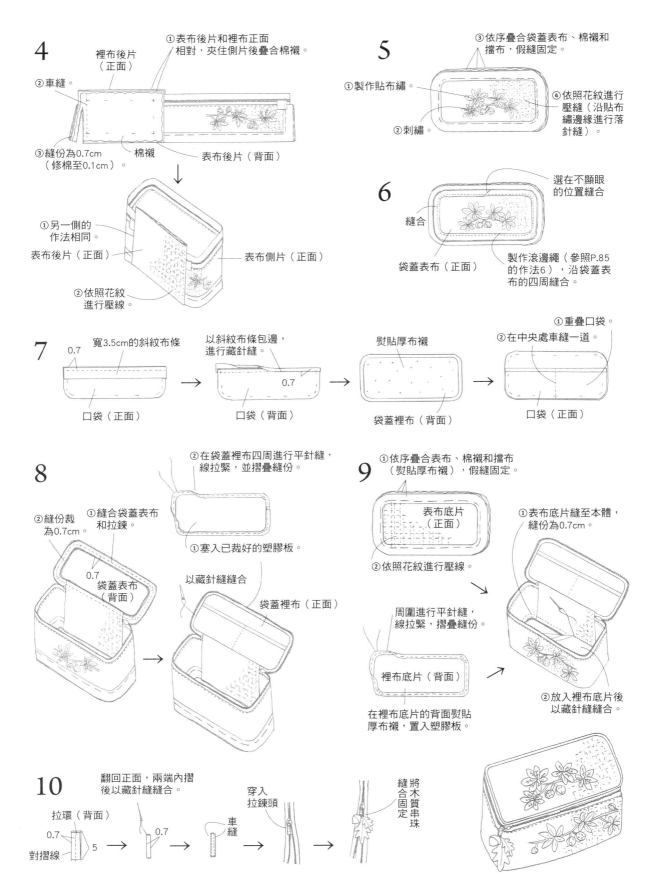

4

②車縫。

裡布後片（正面）

①表布後片和裡布正面相對，夾住側片後疊合棉襯。

③縫份為0.7cm（修棉至0.1cm）。

棉襯

表布後片（背面）

①另一側的作法相同。

表布後片（正面）

②依照花紋進行壓線。

表布側片（正面）

5

③依序疊合袋蓋表布、棉襯和擋布，假縫固定。

①製作貼布繡。

②刺繡。

④依照花紋進行壓縫（沿貼布繡邊緣進行落針縫）。

6

選在不顯眼的位置縫合

縫合

袋蓋表布（正面）

製作滾邊繩（參照P.85的作法6），沿袋蓋表布的四周縫合。

7

0.7

寬3.5cm的斜紋布條

口袋（正面）

以斜紋布條包邊，進行藏針縫。

0.7

口袋（背面）

熨貼厚布襯

袋蓋裡布（背面）

①重疊口袋。

②在中央處車縫一道。

口袋（正面）

8

②縫份裁為0.7cm。

①縫合袋蓋表布和拉鍊。

0.7

袋蓋表布（背面）

②在袋蓋裡布四周進行平針縫，線拉緊，並摺疊縫份。

①塞入已裁好的塑膠板。

以藏針縫縫合

袋蓋裡布（正面）

9

①依序疊合表布、棉襯和擋布（熨貼厚布襯），假縫固定。

表布底片（正面）

②依照花紋進行壓線。

周圍進行平針縫，線拉緊，摺疊縫份。

裡布底片（背面）

在裡布底片的背面熨貼厚布襯，置入塑膠板。

①表布底片縫至本體，縫份為0.7cm。

②放入裡布底片後以藏針縫縫合。

10

翻回正面，兩端內摺後以藏針縫縫合。

拉環（背面）

0.7

對摺線

5

0.7

車縫

穿入拉鍊頭

將木質串珠縫合固定

【材料】

表布上片……50×30cm

表布下片側幅……45×25cm

扇形裝飾帶……20×30cm

袋底表布……25×15cm

拼布用布、貼布繡用布……各適量

垂片……20×10cm

滾邊用斜紋布條……2.5×140cm

裡布（含包口用斜紋布條）……110×60cm

棉襯……110×60cm

薄棉襯、布襯……各25×15cm

提把……15×8cm・1組

蠟繩……140cm

25號繡線

S PAGE 35 十字拼貼風 新古典提包

【製作方法】

1 在表布上片製作貼布繡。拼縫布片，作成下片進行壓縫。

2 製作滾邊繩並縫至下片和下片側幅。

3 對齊上片和下片後縫合。

4 製作扇形裝飾帶。

5 包身和側幅正面相對，夾入扇形裝飾帶後縫合。

6 製作袋底（依據作法3測量的長度來製作紙型）。

7 袋底縫至包身。

8 包口以滾邊繩滾邊。

9 製作垂片，穿入提把。將提把縫至包身。

1

②依序疊合表布、棉襯和裡布，假縫固定。

沿貼布繡邊緣進行落針縫

①製作貼布繡和刺繡。

③依照花紋進行壓縫。

＊各製作2片

①拼縫布片。

③壓縫（沿布邊進行落針縫）。

②依序疊合拼布表布、棉襯和裡布，假縫固定。

①依序疊合表布、棉襯和裡布，假縫固定。

②依照花紋進行壓縫。

2

寬2.5cm的斜紋布條

假縫固定

蠟繩為裁剪後的長度

對摺線

下片（正面）

滾邊繩

下片側幅（正面）

3

③保留一片裡布，縫份為0.7cm。

①正面相對。

上片（背面）

下片（正面）

②縫合。

上片（背面）

下片（背面）

以剩下的裡布包裹縫份，縫份向上倒後進行藏針縫。

上片側幅（背面）

下片側幅（背面）

＊事先測量好○和△兩邊的長度

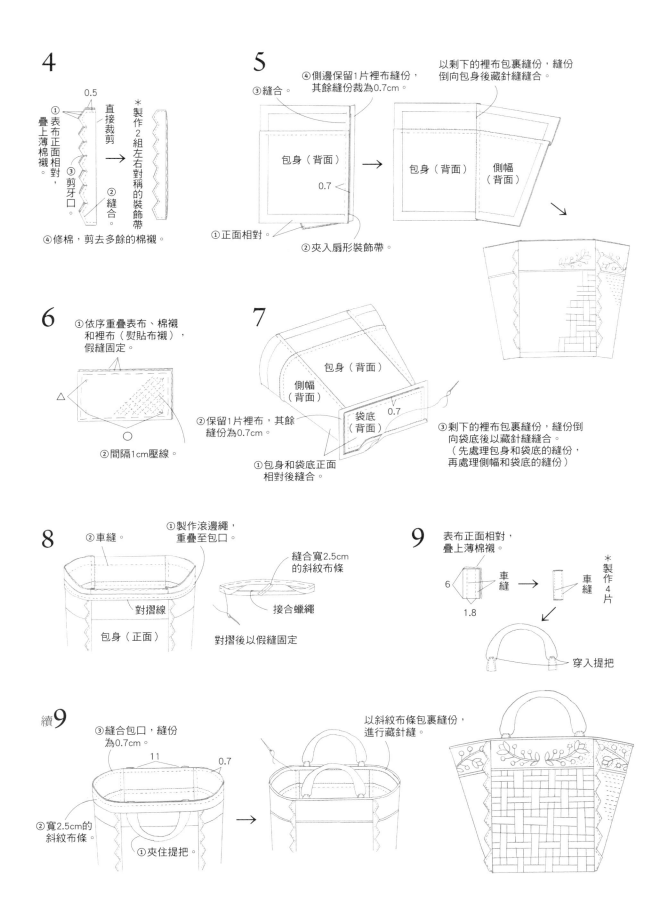

4

0.5

① 表布正面相對，疊上薄棉襯。

直接裁剪

② 縫合。

③ 剪牙口。

→ ＊製作2組左右對稱的裝飾帶

④ 修棉，剪去多餘的棉襯。

5

③ 縫合。

④ 側邊保留1片裡布縫份，其餘縫份裁為0.7cm。

以剩下的裡布包裹縫份，縫份倒向包身後藏針縫縫合。

包身（背面）

0.7

① 正面相對。

② 夾入扇形裝飾帶。

→ 包身（背面）　側幅（背面）

6

① 依序重疊表布、棉襯和裡布（熨貼布襯），假縫固定。

△

○

② 間隔1cm壓線。

7

包身（背面）

側幅（背面）

袋底（背面）

0.7

① 包身和袋底正面相對後縫合。

② 保留1片裡布，其餘縫份為0.7cm。

③ 剩下的裡布包裹縫份，縫份倒向袋底後以藏針縫縫合。（先處理包身和袋底的縫份，再處理側幅和袋底的縫份）

8

② 車縫。

① 製作滾邊繩，重疊至包口。

對摺線

包身（正面）

縫合寬2.5cm的斜紋布條

接合蠟繩

對摺後以假縫固定

9

表布正面相對，疊上薄棉襯。

6

車縫

1.8

→ 車縫

＊製作4片

穿入提把

續9

③ 縫合包口，縫份為0.7cm。

11

0.7

② 寬2.5cm的斜紋布條。

① 夾住提把。

→

以斜紋布條包裹縫份，進行藏針縫。

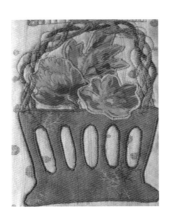

t PAGE 37 貼布繡書衣

【材料】

表布……45×30cm

拼接布……各3.2×45cm

底布（包含大口袋）……90×60cm

中口袋用布……60×25cm

貼布繡用布……各適量

筆插布……各10×15cm

布襯（小口袋）……15×10cm

中厚布襯（底布・大、中口袋・筆插）……65×65cm

單膠棉襯……45×30cm

刺繡專用單色車縫線、段染線

【製作方法】

1 底布熨貼中厚布襯。

2 製作大口袋。

3 製作中口袋，並縫上小口袋。進行刺繡。

4 中口袋縫至大口袋。

5 表布上製作貼布繡，縫合拼接布後車縫刺繡圖案。
（直接裁剪貼布繡用布）。

6 製作筆插，口袋和筆插縫至底布。

7 縫合表布和底布。

8 翻回正面，返口進行藏針縫。

1

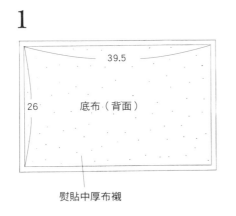

2

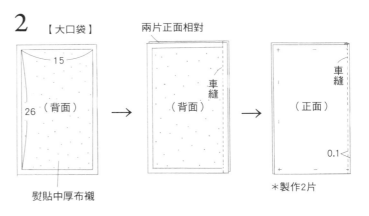

3

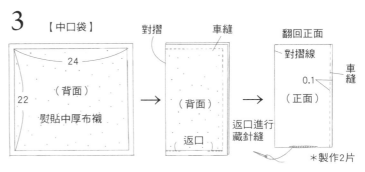

續3

【小口袋】

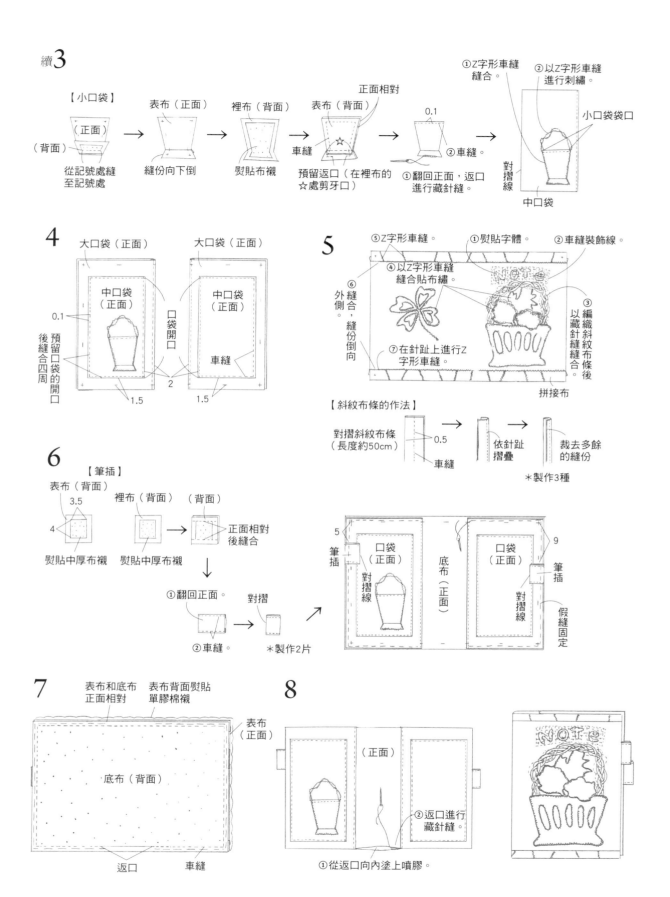

（背面）　（正面）　從記號處縫至記號處

→　表布（正面）　縫份向下倒

→　裡布（背面）　熨貼布襯

→　正面相對　表布（背面）　車縫　預留返口（在裡布的☆處剪牙口）

→　0.1　①翻回正面，返口進行藏針縫。　②車縫。

①Z字形車縫縫合。　②以Z字形車縫進行刺繡。　小口袋袋口　對摺線　中口袋

4

大口袋（正面）　大口袋（正面）
中口袋（正面）　中口袋（正面）
0.1　口袋開口　車縫
預留口袋的開口後縫合四周
2　1.5　1.5

5

⑤Z字形車縫。　①熨貼字體。　②車縫裝飾線。
④以Z字形車縫縫合貼布繡。
⑥外側縫合，縫份倒向
⑦在針趾上進行Z字形車縫。
③編織斜紋布條後以藏針縫縫合。
拼接布

【斜紋布條的作法】
對摺斜紋布條（長度約50cm）　0.5　車縫
→　依針趾摺疊
→　裁去多餘的縫份
＊製作3種

6

【筆插】
表布（背面）　3.5　4　熨貼中厚布襯
裡布（背面）　熨貼中厚布襯
（背面）　正面相對後縫合
①翻回正面。　②車縫。
對摺　＊製作2片
5　筆插　口袋（正面）　對摺線　底布（正面）　口袋（正面）　對摺線　筆插　9　假縫固定

7

表布和底布正面相對　表布背面熨貼單膠棉襯　表布（正面）
底布（背面）
返口　車縫

8

（正面）　②返口進行藏針縫。　①從返口向內塗上噴膠。

NOTE

101

【材料】

表布（包身‧包口布‧內提把）……90×70cm

貼布繡用布……各適量

側幅……60×65cm

斜紋布條……3×220cm

拉鍊用裝飾布……5×10cm

裡布……110×60cm

中厚布襯（包口布裡布‧內提把）……40×20cm

厚布襯（裡布側幅）……110×15cm

棉襯……120×50cm

長30cm的拉鍊……1條

直徑2cm的鈕釦……2顆

u PAGE 38 棋盤 長形提包

【製作方法】

1 製作包身。

2 製作包口布。

3 包口縫至包身。

4 製作側幅。

5 側幅縫至包身。

6 製作內提把。

7 縫合提把，並接縫內提把。

8 以斜紋布條處理縫份。

9 製作拉鍊裝飾後安裝。

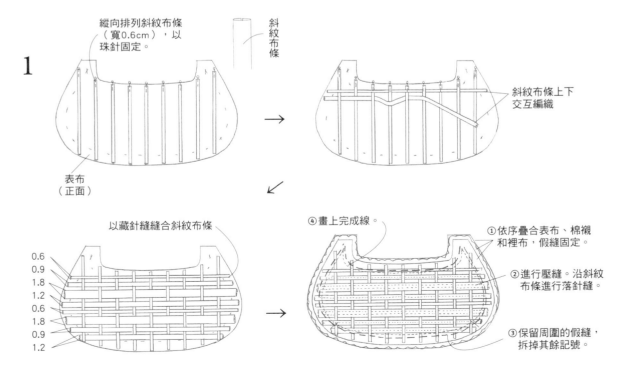

1

縱向排列斜紋布條（寬0.6cm），以珠針固定。

斜紋布條

表布（正面）

斜紋布條上下交互編織

以藏針縫縫合斜紋布條

0.6
0.9
1.8
1.2
0.6
1.8
0.9
1.2

④畫上完成線。

①依序疊合表布、棉襯和裡布，假縫固定。

②進行壓縫。沿斜紋布條進行落針縫。

③保留周圍的假縫，拆掉其餘記號。

2

④縫份為0.7cm
（沿針趾修棉）。

拉鍊（背面）

棉襯

③車縫。

②依序疊合裡布、
拉鍊、表布和棉襯。

表布
（正面）

裡布
（正面）

①熨貼中厚布襯。

↓

拉鍊（正面）　　　另一側的作法相同

表布（正面）

↓

①假縫固定。　　　0.8

②壓線。　　　③畫上完成線。

3

②從記號處縫至記號處，保
留包口裡布，包身縫份為
0.7cm，剪牙口。

車縫

包口布
（背面）

包身（正面）

①正面相對。

↓

拆除假縫，包口裡布包裹
縫份，沿記號以藏針縫縫合。

包口布（背面）

包身（背面）

＊另一側的
作法相同

【處理縫份】

包口布
（背面）

→

包口布（背面）

裁剪
0.7cm

保留包口布
的一片裡布

包身（背面）

以裡布包裹縫份，
縫份倒向包身後進
行藏針縫。

4

正面相對

車縫

表布（背面）

0.7

僅於裡布熨貼厚布襯

↓

③壓縫。　　　0.7

①表布和裡布背面相對，
中間夾住棉襯。

②假縫固定。

④畫上完成線。

接縫包身的位置

5

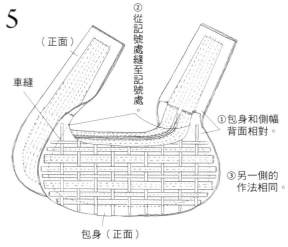

（正面）

車縫

②從記號處縫至記號處。

①包身和側幅背面相對。

③另一側的作法相同。

包身（正面）

6

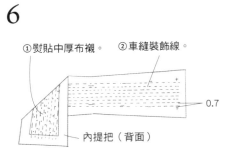

①熨貼中厚布襯。　②車縫裝飾線。

0.7

內提把（背面）

7

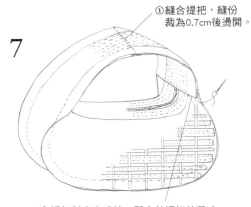

①縫合提把，縫份裁為0.7cm後燙開。

②內提把對齊完成線，配合外提把的尺寸調整，摺疊縫份後進行藏針縫。

8

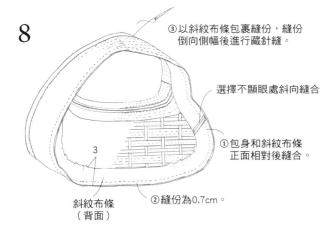

③以斜紋布條包裹縫份，縫份倒向側幅後進行藏針縫。

選擇不顯眼處斜向縫合

①包身和斜紋布條正面相對後縫合。

3

②縫份為0.7cm。

斜紋布條（背面）

9

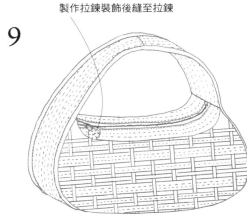

製作拉鍊裝飾後縫至拉鍊

【拉鍊裝飾】

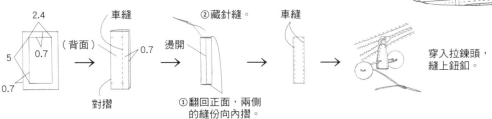

2.4

5

0.7

0.7

（背面）

對摺

車縫

0.7

燙開

②藏針縫。

①翻回正面，兩側的縫份向內摺。

車縫

穿入拉鍊頭，縫上鈕釦。

V PAGE 39 水兵帶 編織手拿包

【材料】

表布……70×35cm

表布側幅……50×30cm

袋蓋表布……25×25cm

擋布……25×25cm

滾邊用斜紋布條……2.5×150cm

包口用斜紋布條……3.5×60cm

水兵帶……0.9×650cm

刺繡裝飾帶……1.5×550cm

裡布（含斜紋布條）……110×60cm

棉襯……70×60cm

布襯……20×20cm

織帶……2.5×45cm

麂皮布帶……1.5×45cm

蠟繩……150cm

直徑2.8cm的鈕釦……1顆

磁釦……1組

【製作方法】

1 表布進行壓縫，縫合水兵帶和刺繡裝飾帶。

2 縫合袋底，作成包身。

3 製作滾邊繩，縫至包身。

4 側幅進行壓縫。

5 側幅縫至包身，以斜紋布條處理縫份。

6 包口進行滾邊

7 製作袋蓋後縫至包身。

8 縫合磁釦。

9 製作提把後縫至包身。

1

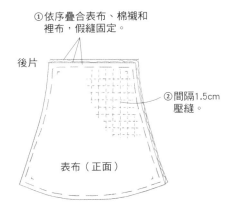

後片

①依序疊合表布、棉襯和裡布，假縫固定。

②間隔1.5cm壓縫。

表布（正面）

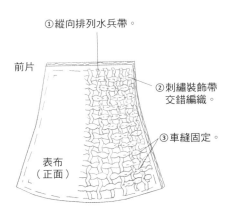

前片

①縱向排列水兵帶。

②刺繡裝飾帶交錯編織。

③車縫固定。

表布（正面）

2

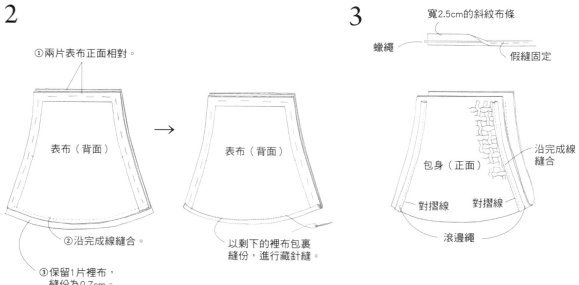

①兩片表布正面相對。

表布（背面）　　→　　表布（背面）

②沿完成線縫合。

③保留1片裡布，
　縫份為0.7cm。

以剩下的裡布包裹
縫份，進行藏針縫。

3

寬2.5cm的斜紋布條

蠟繩　　　　　　假縫固定

包身（正面）

沿完成線
縫合

對摺線　　對摺線

滾邊繩

4

①依序疊合表布、棉襯
　和裡布，假縫固定。

側幅
（正面）

②依照花紋
　進行壓縫。

＊製作2片

5

④以斜紋布條包裹縫份，縫份
　倒向側幅進行藏針縫。

①正面相對。

0.7

側幅
（背面）

②重疊寬2.5cm
　的斜紋布條。

包身（背面）

③縫合側邊，
　縫份為0.7cm。

6

10　　0.7

①側幅作縮縫，
　縮至10cm。

③車縫。

寬3.5cm的
斜紋布條

包身（正面）

→

沿完成線裁剪，以
斜紋布條包裹縫份
後藏針縫縫合。

包身
（正面）

②斜紋布條對齊完成線。

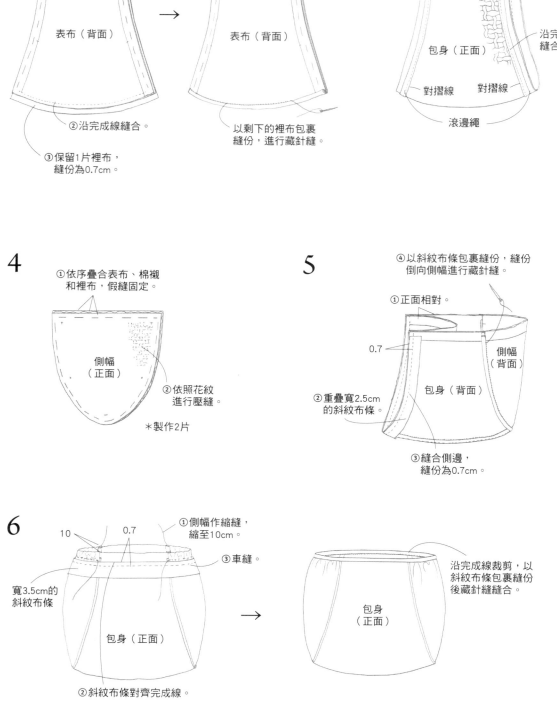

7

① 依序疊合表布、棉襯和擋布，假縫固定。

表布
（正面）

② 依照花紋進行壓縫。

→

表布
（正面）

對摺線

滾邊繩

縫合完成線

→

② 表布和裡布正面相對。
③ 縫合四周，縫份為0.7cm。

0.7

① 裡布背面熨貼布襯。

→

② 縫份向內摺，進行藏針縫。

袋蓋
（正面）

① 翻回正面。

↓

車縫裝飾線

袋蓋
（正面）

3   3

包身後片
（正面）

8

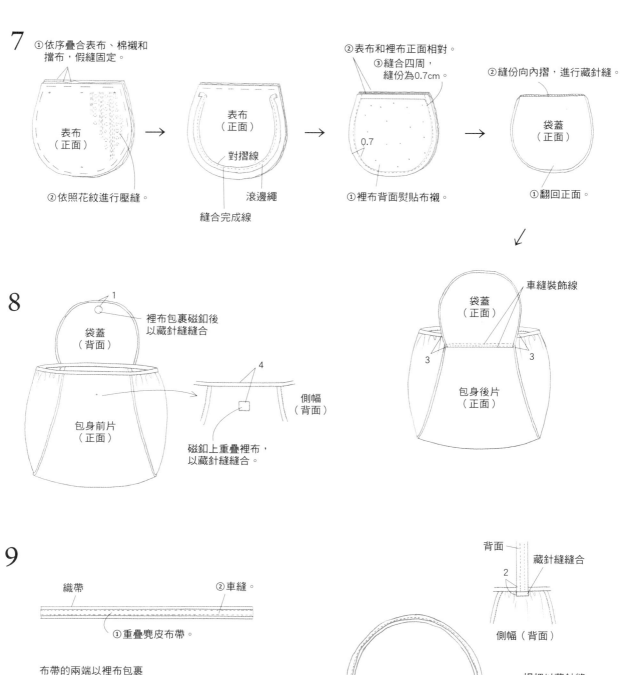

1

袋蓋
（背面）

裡布包裹磁釦後以藏針縫縫合

包身前片
（正面）

4

側幅
（背面）

磁釦上重疊裡布，以藏針縫縫合。

9

織帶   ② 車縫。

① 重疊麂皮布帶。

布帶的兩端以裡布包裹

2.5

1

裡布

→

正面

正面相對   1

車縫

→

正面

攤開

→

背面

縫份摺向背面後收起

背面

藏針縫縫合

2

側幅（背面）

提把以藏針縫縫至側幅

縫合鈕釦

【材料】

表布（前片拼布用布・側幅・後片・包口布）……70×80cm

裡布……110×80cm

貼布繡用布……各適量

垂片（含2.5cm和3.5cm的斜紋布條）……60×30cm

拉鍊用裝飾布……5×2.5cm

提把用垂片……30×20cm

布襯……80×20cm

棉襯……70×80cm

提把……19×10cm・1組

蠟繩……40cm

直徑0.5cm的串珠……1個

4cm的葉片造型鈕釦……2顆

長38cm的拉鍊……1條

25號繡線

W PAGE 41 提籃貼布繡手拿包

【製作方法】

1 表布前片製作貼布繡，拼縫後進行刺繡。

2 表布前片疊上棉襯和裡布，進行壓縫。

3 表布後片疊上棉襯和裡布，進行壓縫。

4 製作滾邊繩，分別假縫固定在前片和後片。

5 製作側幅。

6 側幅與前、後片縫合，處理縫份。

7 在包口車縫拉鍊。

8 製作提把垂片。

9 包口布和提把縫至包口。

10 縫合拉鍊裝飾。

1

① 製作貼布繡和刺繡。

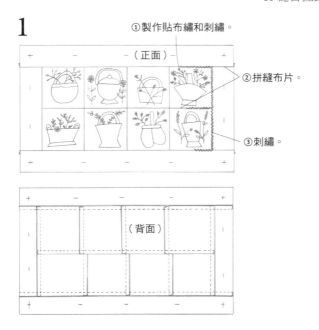

② 拼縫布片。

③ 刺繡。

（正面）

（背面）

2

① 依序疊合表布、棉襯和裡布，假縫固定。

② 依照花紋進行壓縫。

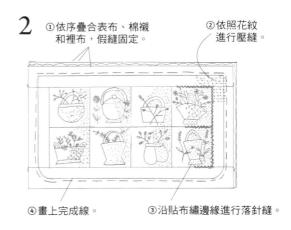

④ 畫上完成線。

③ 沿貼布繡邊緣進行落針縫。

3

①依序疊合表布、棉襯
和裡布，假縫固定。　　②依照花紋
　　　　　　　　　　進行壓線。

表布（正面）

③畫上完成線。

4

包口處的滾邊繩向外摺

對摺線

滾邊繩以假縫固定
＊後片的作法相同

滾邊繩

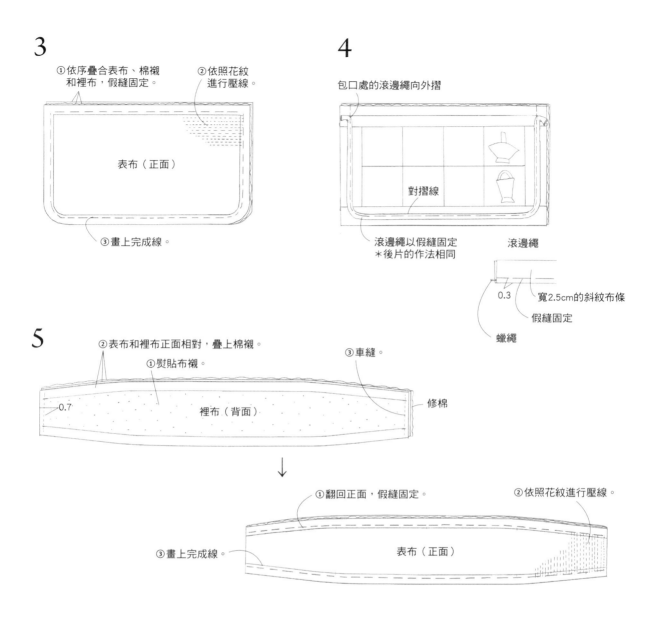

寬2.5cm的斜紋布條

0.3

假縫固定

蠟繩

5

②表布和裡布正面相對，疊上棉襯。

①熨貼布襯。　　③車縫。

0.7　　裡布（背面）　　修棉

↓

①翻回正面，假縫固定。　　②依照花紋進行壓線。

③畫上完成線。　　表布（正面）

6

②縫合。　　①依序疊合前片、側幅和斜紋布條。

前片（正面）

寬2.5cm的
斜紋布條

側幅（背面）

③縫份為0.7cm。

0.7

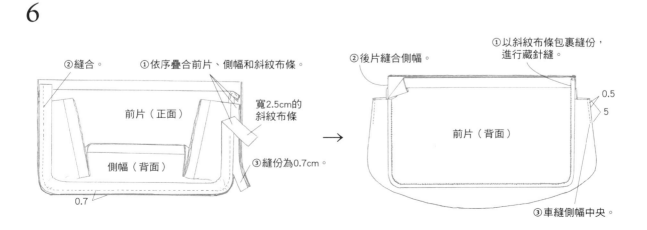

②後片縫合側幅。　　①以斜紋布條包裹縫份，
　　　　　　　　　　進行藏針縫。

前片（背面）

0.5

5

③車縫側幅中央。

7

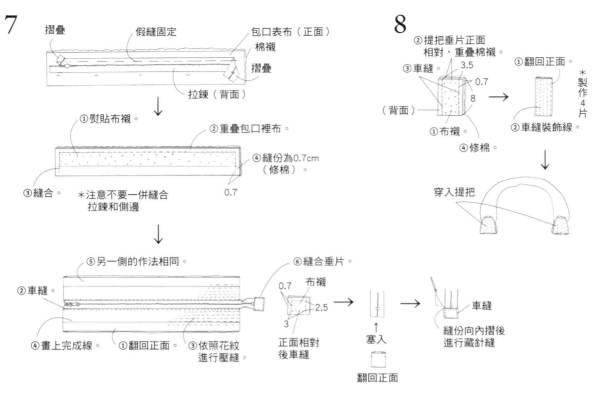

摺疊　　假縫固定　　包口表布（正面）
棉襯
摺疊
拉鍊（背面）

↓

①熨貼布襯。　　②重疊包口裡布。
④縫份為0.7cm
（修棉）。
③縫合。　　*注意不要一併縫合
拉鍊和側邊
0.7

↓

⑤另一側的作法相同。　　⑥縫合垂片。
②車縫。　　0.7　布襯
2.5
3
④畫上完成線。　　①翻回正面。　　③依照花紋
進行壓縫。
正面相對
後車縫
塞入
翻回正面
車縫
縫份向內摺後
進行藏針縫

8

②提把垂片正面
相對，重疊棉襯。
③車縫　　3.5
0.7
8
（背面）
①布襯。
①翻回正面。
*製作4片
②車縫裝飾線。
④修棉。

↓

穿入提把

9

①依序疊合斜紋布條、包口和包口布，
再放上提把垂片。
10　提把垂片　10　包口布（正面）
②車縫。
前片
（正面）　0.7
寬3.5cm的
斜紋布條
（背面）
側幅
（正面）

↓

縫份為0.7cm，以斜紋布條
包裹縫份進行藏針縫。
前片
（正面）
側幅
（正面）

10

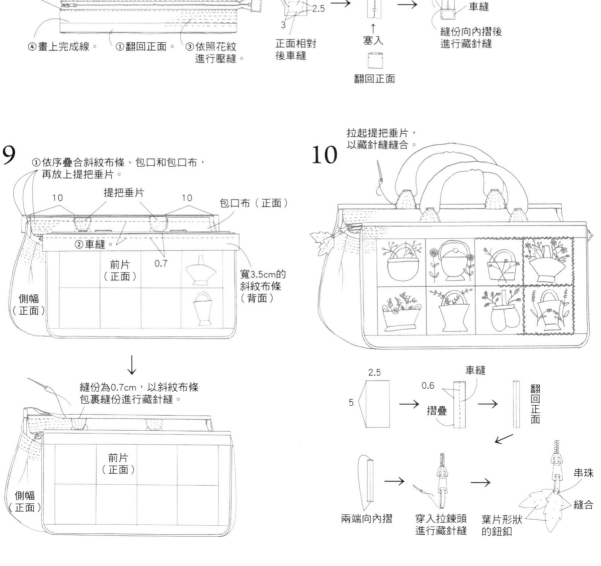

拉起提把垂片，
以藏針縫縫合。

2.5　　車縫
5　　0.6
摺疊
翻回
正面

兩端向內摺　　穿入拉鍊頭
進行藏針縫　　葉片形狀
的鈕釦
串珠
縫合

【材料】

表布a（含包口用的斜紋布條）……50×30cm

表布b……40×15cm

表布c……40×20cm

表布d（含口袋裡布）……90×40cm

貼布繡用布（前片・口袋）……各適量

提把用垂片……20×10cm

口袋底布……20×20cm

裡布（含斜紋布條）……90×80cm

布襯……15×10cm

棉襯……90×65cm

提把……15×8.5cm・1組

磁釦……1組

25號繡線

【製作方法】

1 表布d製作貼布繡和刺繡。

2 拼縫表布。

3 表布進行壓縫。

4 製作口袋，縫至前片。

5 縫製縫褶。

6 對齊前、後片後縫合，處理縫份。

7 製作提把垂片後穿入提把。

8 處理包口，提把縫至包身。

X PAGE 43 祖母提籃 復刻提袋

1

刺繡

表布d（正面）

貼布繡

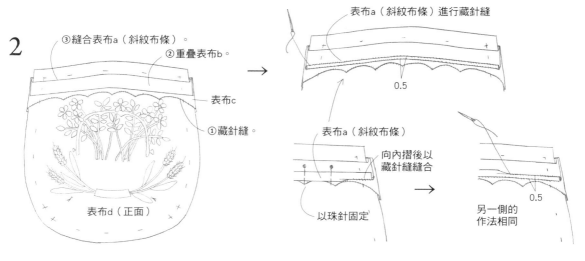

2

③縫合表布a（斜紋布條）。

②重疊表布b。

表布c

①藏針縫。

表布d（正面）

表布a（斜紋布條）進行藏針縫

0.5

表布a（斜紋布條）

向內摺後以藏針縫縫合

以珠針固定

另一側的作法相同

0.5

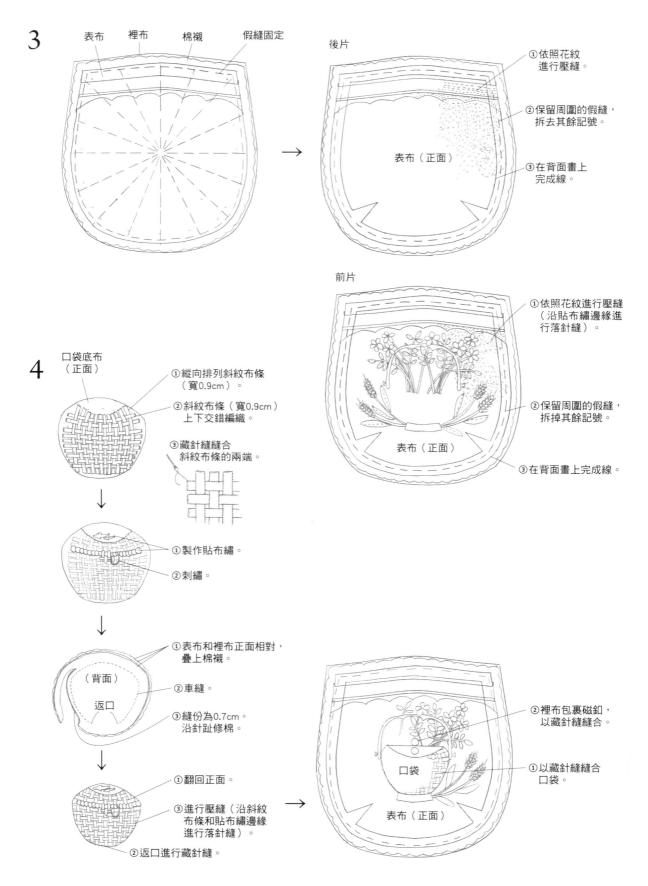

3

表布　裡布　棉襯　假縫固定

後片

①依照花紋
進行壓縫。

②保留周圍的假縫，
拆去其餘記號。

表布（正面）

③在背面畫上
完成線。

前片

①依照花紋進行壓縫
（沿貼布繡邊緣進
行落針縫）。

②保留周圍的假縫，
拆掉其餘記號。

表布（正面）

③在背面畫上完成線。

4

口袋底布
（正面）

①縱向排列斜紋布條
（寬0.9cm）。

②斜紋布條（寬0.9cm）
上下交錯編織。

③藏針縫縫合
斜紋布條的兩端。

①製作貼布繡。

②刺繡。

①表布和裡布正面相對，
疊上棉襯。

（背面）

返口

②車縫。

③縫份為0.7cm。
沿針趾修棉。

①翻回正面。

③進行壓縫（沿斜紋
布條和貼布繡邊緣
進行落針縫）。

②返口進行藏針縫。

②裡布包裹磁釦，
以藏針縫縫合。

口袋

①以藏針縫縫合
口袋。

表布（正面）

112

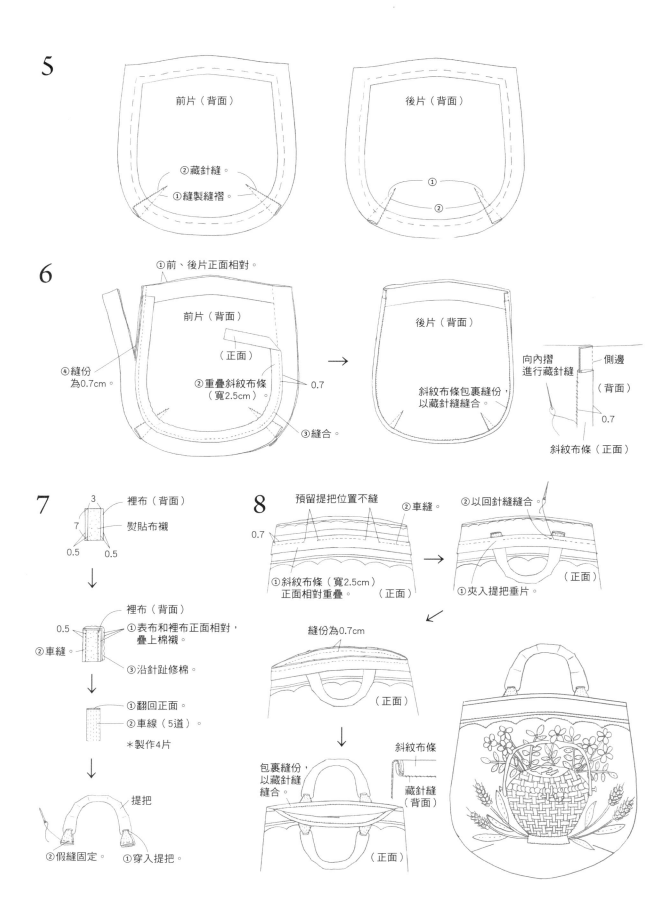

5

前片（背面）
②藏針縫。
①縫製縫褶。

後片（背面）
①
②

6

①前、後片正面相對。

前片（背面）
（正面）
②重疊斜紋布條
（寬2.5cm）
③縫合。
0.7

④縫份
為0.7cm。

後片（背面）
斜紋布條包裹縫份，
以藏針縫縫合。

向內摺
進行藏針縫
側邊
（背面）
0.7
斜紋布條（正面）

7

裡布（背面）
熨貼布襯
3
7
0.5　0.5

裡布（背面）
0.5
②車縫。
①表布和裡布正面相對，
疊上棉襯。
③沿針趾修棉。

①翻回正面。
②車線（5道）。
＊製作4片

提把
②假縫固定。　①穿入提把。

8

預留提把位置不縫
②車縫。
0.7
①斜紋布條（寬2.5cm）
正面相對重疊。　（正面）

②以回針縫縫合。
①夾入提把垂片。
（正面）

縫份為0.7cm
（正面）

包裹縫份，
以藏針縫
縫合。
（正面）

斜紋布條
藏針縫
（背面）

【材料】

表布……80×70cm

貼布繡用布……各適量

垂片（含寬2.5cm的斜紋布條）……20×15cm

裡布（含寬3.5cm的斜紋布條）……110×70cm

棉襯……80×70cm

布襯……4×6cm

長36cm的皮革提把……1組

長32cm的拉鍊……1條

直徑1.5cm的木質串珠……1顆

直徑0.4cm的繩子……20cm

蠟繩……210cm

25號繡線

【製作方法】

1 表布前片製作貼布繡和刺繡，進行壓縫。

2 後片進行壓縫。

3 製作滾邊繩，沿前、後片的四周滾邊。

4 拉鍊縫至包口布。

5 製作垂片，假縫固定於包口布。

6 底部側幅進行壓線。

7 縫合包口布與底部側幅。

8 側幅縫至包身。

9 縫合拉鍊裝飾。

Y PAGE 44 花籃圖案 波士頓包

1

縫合花朵和莖部　　　製作YO-YO拼布後縫至前片

在提籃布片上
製作貼布繡

YO-YO拼布和提籃以藏針縫縫合

縫合剩下的YO-YO拼布

②對摺後進行
藏針縫。

①縫合外側。　　　藏針縫　　　縫合　　　對摺後進行藏針縫

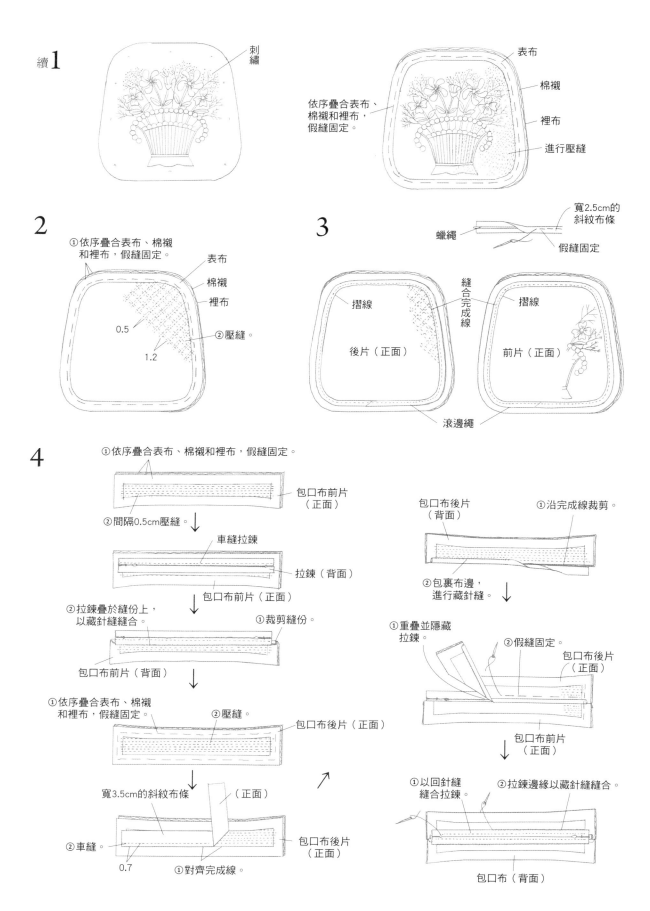

續1

刺繡

依序疊合表布、棉襯和裡布，假縫固定。

表布
棉襯
裡布
進行壓縫

2

①依序疊合表布、棉襯和裡布，假縫固定。

表布
棉襯
裡布

0.5
1.2

②壓縫。

3

寬2.5cm的斜紋布條

蠟繩

假縫固定

摺線

縫合完成線

摺線

後片（正面）

前片（正面）

滾邊繩

4

①依序疊合表布、棉襯和裡布，假縫固定。

包口布前片（正面）

②間隔0.5cm壓縫。

車縫拉鍊

拉鍊（背面）

包口布前片（正面）

②拉鍊疊於縫份上，以藏針縫縫合。

①裁剪縫份。

包口布前片（背面）

①依序疊合表布、棉襯和裡布，假縫固定。

②壓縫。

包口布後片（正面）

寬3.5cm的斜紋布條

（正面）

②車縫。

0.7

①對齊完成線。

包口布後片（正面）

包口布後片（背面）

①沿完成線裁剪。

②包裹布邊，進行藏針縫。

①重疊並隱藏拉鍊。

②假縫固定。

包口布後片（正面）

包口布前片（正面）

①以回針縫縫合拉鍊。

②拉鍊邊緣以藏針縫縫合。

包口布（背面）

5

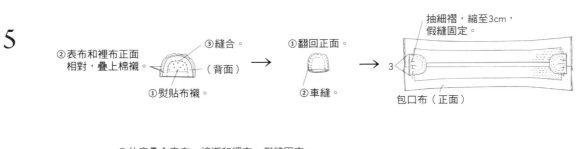

②表布和裡布正面
　相對，疊上棉襯。

③縫合。

（背面）

①熨貼布襯。

①翻回正面。

②車縫。

抽細褶，縮至3cm，
假縫固定。

3

包口布（正面）

6

①依序疊合表布、棉襯和裡布，假縫固定。

0.5

1.2

②壓線。

7

①包口布與底部側幅正面相對。

②重疊寬2.5cm的斜紋布條。

0.7

③縫合完成線，縫份為0.7cm。

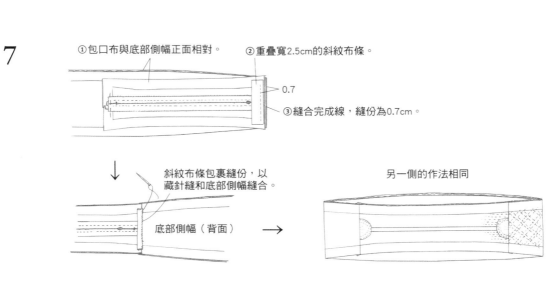

斜紋布條包裹縫份，以
藏針縫和底部側幅縫合。

底部側幅（背面）

另一側的作法相同

8

①包身和側幅正面相對，
　夾住提把後縫合。

②斜紋布條重疊在
　作法①的針趾上
　後縫合，縫份為
　0.7cm。

③斜紋布條包裹
　縫份，縫份倒
　向包身後進行
　藏針縫。

包身（背面）

0.7

底部
側幅
（背面）

寬2.5cm的
斜紋布條

9

③剪短繩端，
　塞入串珠。

②打結。

①串珠穿入細繩。

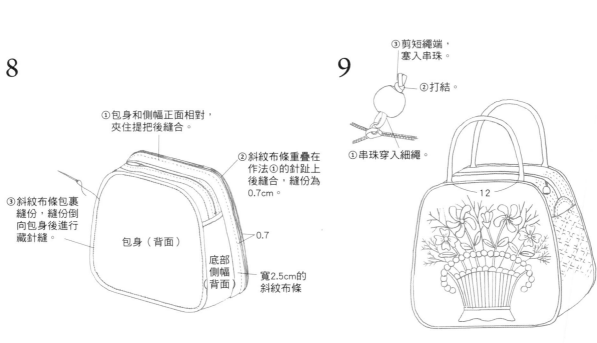

12

【材料】

表布……40×15cm

包口布……30×10cm

垂片……15×15cm

裡布（含斜紋布條）……50×30cm

布襯（包口布）……15×15cm

中厚布襯（垂片背面）……10×5cm

棉襯……50×20cm

魔鬼氈……2×1.5cm

【製作方法】

1 進行壓縫。

2 縫製縫褶。

3 包身正面相對後縫合，處理縫份。

4 製作垂片和包口布。

5 包口布縫至包口。

Z PAGE 46 提籃造型的 迷你化妝包 1

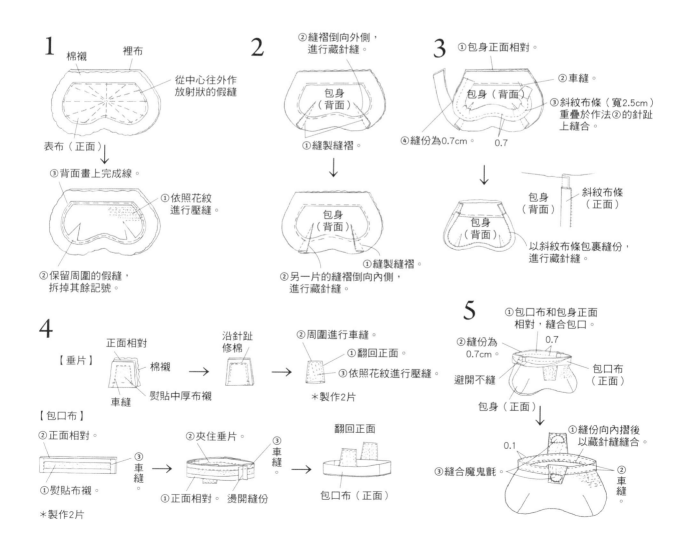

1

棉襯　裡布

從中心往外作放射狀的假縫

表布（正面）

③背面畫上完成線。

①依照花紋進行壓縫。

②保留周圍的假縫，拆掉其餘記號。

2

②縫褶倒向外側，進行藏針縫。

包身（背面）

①縫製縫褶。

包身（背面）

①縫製縫褶。

②另一片的縫褶倒向內側，進行藏針縫。

3

①包身正面相對。

②車縫。

包身（背面）

③斜紋布條（寬2.5cm）重疊於作法②的針趾上縫合。

④縫份為0.7cm。　0.7

包身（背面）　斜紋布條（正面）

包身（背面）

以斜紋布條包裹縫份，進行藏針縫。

4

【垂片】

正面相對　棉襯

車縫　燙貼中厚布襯

沿針趾修棉

②周圍進行車縫。

①翻回正面。

③依照花紋進行壓縫。

＊製作2片

【包口布】

②正面相對。

③車縫。

①燙貼布襯。

②夾住垂片。

③車縫。

①正面相對。　燙開縫份

翻回正面

包口布（正面）

＊製作2片

5

①包口布和包身正面相對，縫合包口。

②縫份為0.7cm。　0.7

避開不縫

包口布（正面）

包身（正面）

①縫份向內摺後以藏針縫縫合。

0.1

③縫合魔鬼氈。

②車縫。

【材料】

表布上片……15×25cm

表布下片、袋底表布……15×20cm

垂片、包口用斜紋布條……25×20cm

提把……20×10cm

裡布（含包裹磁釦用布）……30×20cm

厚布襯……20×10cm

棉襯……30×25cm

直徑1cm的半圓形木質串珠……2顆

磁釦……1組

【製作方法】

1 製作包身並縫合。

2 製作袋底，縫至包身。

3 製作垂片。

4 以斜紋布條滾邊包口。

5 製作提把，縫至包身。

Z PAGE 46 提籃造型的
迷你化妝包 2

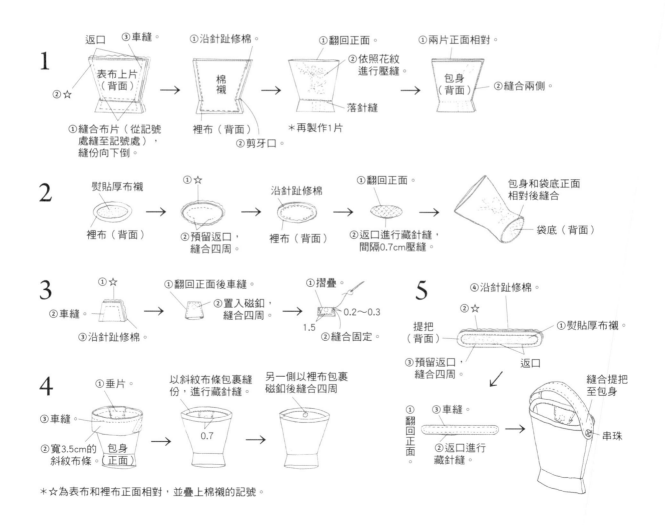

＊☆為表布和裡布正面相對，並疊上棉襯的記號。

【材料】

表布上片……20×20cm

表布下片……20×10cm

提把……30×10cm

裡布……25×30cm

棉襯……30×30cm

長13cm的拉鍊……1條

長1.5cm的串珠……1顆

直徑0.6cm的木質串珠……1顆

蠟繩……20cm

【製作方法】

1 製作提把。

2 製作包身。

3 縫合包身。

4 縫合拉鍊至包身。

Z PAGE 46 提籃造型的 迷你化妝包3

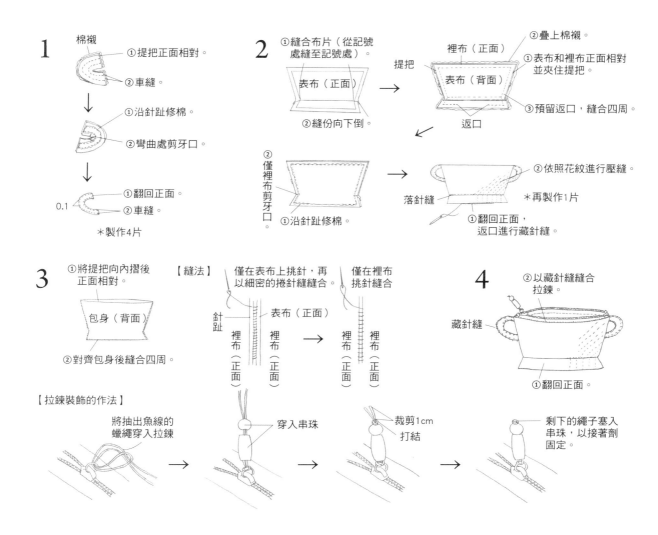

1

棉襯

①提把正面相對。

②車縫。

①沿針趾修棉。

②彎曲處剪牙口。

①翻回正面。

②車縫。

0.1

＊製作4片

2

①縫合布片（從記號處縫至記號處）。

表布（正面）

②縫份向下倒。

②疊上棉襯。

裡布（正面）

①表布和裡布正面相對並夾住提把。

提把

表布（背面）

③預留返口，縫合四周。

返口

②僅裡布剪牙口。

①沿針趾修棉。

②依照花紋進行壓縫。

落針縫

＊再製作1片

①翻回正面，返口進行藏針縫。

3

①將提把向內摺後正面相對。

包身（背面）

②對齊包身後縫合四周。

【縫法】

僅在表布上挑針，再以細密的捲針縫縫合。

針趾

表布（正面）

裡布（正面）　裡布（正面）

僅在裡布挑針縫合

裡布（正面）　裡布（正面）

【拉鍊裝飾的作法】

將抽出魚線的蠟繩穿入拉鍊

穿入串珠

裁剪1cm打結

4

②以藏針縫縫合拉鍊。

藏針縫

①翻回正面。

剩下的繩子塞入串珠，以接著劑固定。

【材料】

貼布繡用布、拼布用布……各適量

斜紋布條……3.5×220cm

裡布……60×70cm

棉襯……60×70cm

【製作方法】

1 在表布上製作貼布繡，拼縫布片。

2 依序疊合表布、棉襯和裡布，假縫固定。

3 進行壓縫。

4 以斜紋布條滾邊四周。

$\mathbf{I}$ ꜱᴍᴀʟʟ 小型拼布
ᴘᴀɢᴇ 47 掛毯

【滾邊的作法】

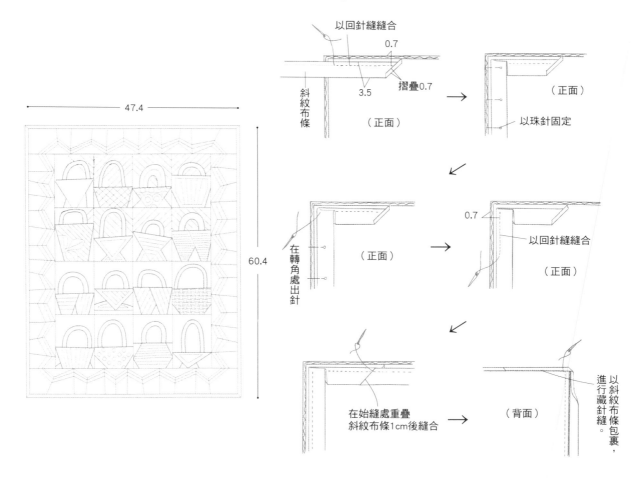

【材料】
貼布繡用布……各適量
表布a……75×60cm
表布b……75×25cm
裡布（包含斜紋布條）……110×80cm
25號繡線

【製作方法】
1 在表布上製作貼布繡和刺繡。
2 依序疊合表布、棉襯和裡布，假縫固定。
3 進行壓縫。
4 以斜紋布條滾邊四周。

II PAGE 48 提籃嘉年華
裝飾地毯

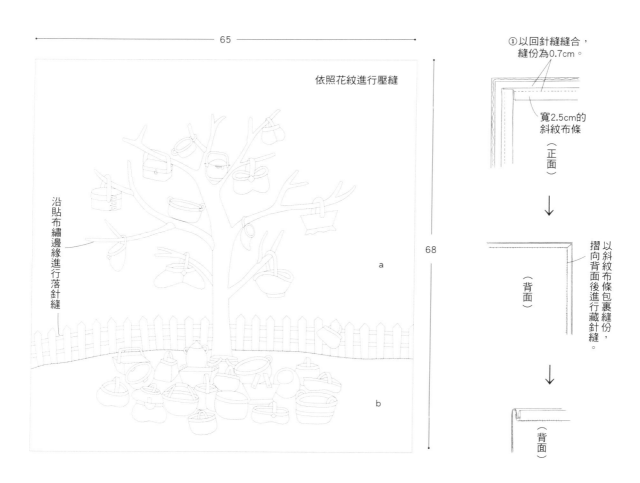

【斜紋布條的滾邊作法】

65

依照花紋進行壓縫

沿貼布繡邊緣進行落針縫

68

a

b

①以回針縫縫合，
縫份為0.7cm。

寬2.5cm的
斜紋布條

（正面）

（背面）

以斜紋布條包裹縫份，
摺向背面後進行藏針縫。

（背面）

【材料】
貼布繡用布……各適量
表布……110×350cm
邊框布條……60×200cm
裡布（包含斜紋布條）……110×430cm
棉襯……190×200cm
25號繡線

【製作方法】
1 在表布上製作貼布繡和刺繡。
2 依序疊合表布、棉襯和裡布，假縫固定。
3 進行壓縫（沿貼布繡邊緣進行落針縫，底布則依照花紋壓縫，其他可依個人喜好作裝飾）。
4 以斜紋布條滾邊四周。

III
PAGE 50

古典提籃
大型圖案的
拼布

中心

172

提籃部分參照P.112

182

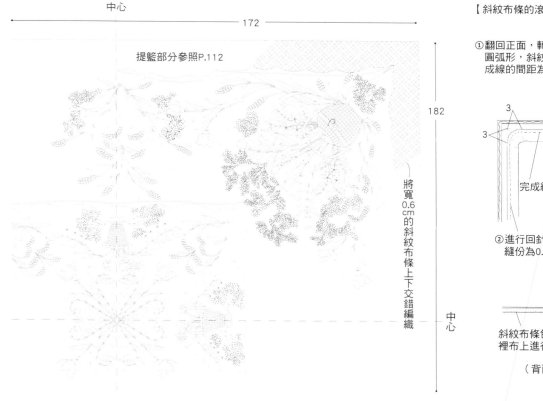

將寬0.6cm的斜紋布條上下交錯編織

中心

【斜紋布條的滾邊作法】

①翻回正面，轉角處摺成圓弧形，斜紋布條與完成線的間距為0.7cm。

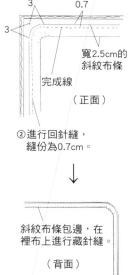

3   0.7

3

寬2.5cm的斜紋布條

完成線

（正面）

②進行回針縫，縫份為0.7cm。

↓

斜紋布條包邊，在裡布上進行藏針縫。

（背面）

Technique

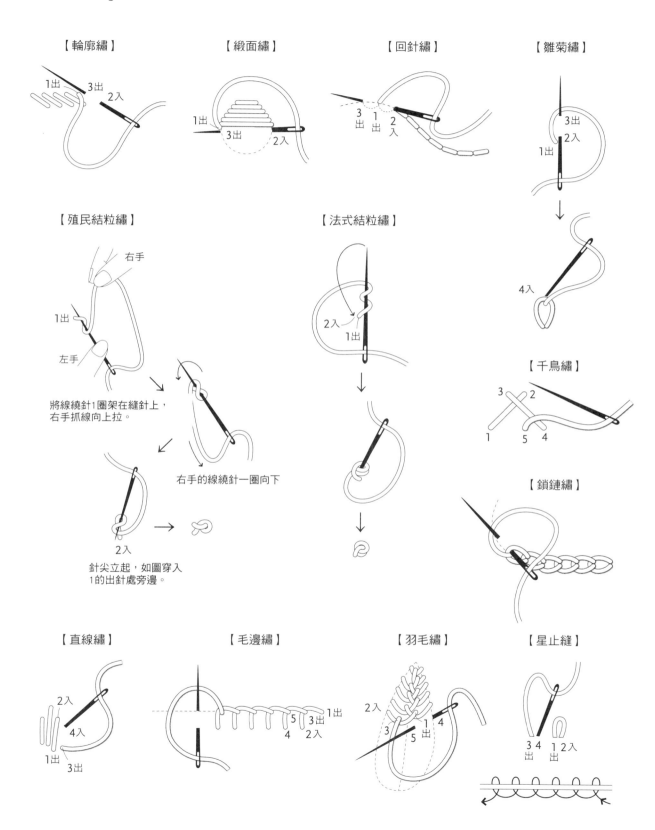

【輪廓繡】

1出　3出　2入

【緞面繡】

1出　3出　2入

【回針繡】

3出　1出　2入

【雛菊繡】

3出　2入　1出　4入

【殖民結粒繡】

右手

1出

左手

將線繞針1圈架在縫針上，
右手抓線向上拉。

右手的線繞針一圈向下

2入

針尖立起，如圖穿入
1的出針處旁邊。

【法式結粒繡】

2入　1出

【千鳥繡】

3　2　1　5　4

【鎖鏈繡】

【直線繡】

2入　4入　1出　3出

【毛邊繡】

5　3出　4　2入　1出

【羽毛繡】

2入　3　5出　1　4

【星止縫】

3出　4　1　2入

1 2 3

齊藤謠子の提籃圖案創作集

微醺原色＆溫醇手感交織而成的31款經典布作

作　　　者／齊藤謠子
譯　　　者／連雪伶
發 行 人／詹慶和
總 編 輯／蔡麗玲
執行編輯／蔡竺玲
編　　　輯／方嘉鈴、吳怡萱、陳瑾欣
封面設計／林佩樺
內頁排版／造極
出 版 者／雅書堂文化
發 行 者／雅書堂文化事業有限公司
郵政帳號／18225950　　戶名：雅書堂文化事業有限公司
地　　　址／台北縣板橋市板新路206號3樓
電　　　話／(02)8952-4078
傳　　　真／(02)8952-4084
網　　　址／www.elegantbooks.com.tw
電子郵件／elegant.books@msa.hinet.net

SAITOYOKO NO NUNO DE TSUKURU BASKET
Copyright © Yoko Saito 2010 Printed in Japan
All rights reserved.
Original Japanese edition published in Japan by BUNKA PUBLISHING BUREAU
Chinese (in complex character) translation rights arranged with BUNKA PUBLISHING
BUREAU through KEIO CULTURAL ENTERPRISE CO., LTD.

總經銷／朝日文化事業有限公司
進退貨地址／台北縣中和市橋安街15巷1樓7樓
電話／（02）2249-7714　　傳真／（02）2249-8715
2010年11月初版　定價 550 元

星馬地區總代理：諾文文化事業私人有限公司
新加坡／Novum Organum Publishing House (Pte) Ltd.
20 Old Toh Tuck Road, Singapore 597655.
TEL：65-6462-6141　　FAX：65-6469-4043
馬來西亞／Novum Organum Publishing House (M) Sdn. Bhd.
No. 8, Jalan 7/118B, Desa Tun Razak, 56000 Kuala Lumpur, Malaysia
TEL：603-9179-6333　　FAX：603-9179-6060

齊藤謠子

擔任NHK文化中心等各地講師，作品發表於雜誌、電視……等處，
活躍於手作界中，以其獨特的拼布配色深受讀者喜愛，也時常於歐洲
舉辦作品展、講習會，不論海內外都極具人氣。並經營「拼布派對」
http://www.quilt.co.jp/（教學和商店）。

國家圖書館出版品預行編目資料

齊藤謠子の提籃圖案創作集：微醺原色＆溫醇手感交織而成的
31 款經典布作 / 齊藤謠子著 . -- 初版 . -- 臺北縣板橋市：雅書
堂文化，2010.11
　　面；　公分 . -- (Patchwork. 拼布美學；1)
ISBN 978-986-6277-56-6(精裝)

1. 拼布藝術 2. 手工藝

426.7　　　　　　　　　　　　　　　　　　　99020657